国家"双高计划"高水平专业群建设成果系列教材·物联网应用技术专业

物联网综合实训

主　编　车　巍　刘永锋

电子工业出版社

Publishing House of Electronics Industry

北京·BEIJING

内 容 简 介

　　本书从物联网的概念与起源入手，通过讲解物联网的结构、通信方式和通信协议，由浅入深地将物联网是什么，以及物联网的构成完整地展现在学生面前；通过讲解物联网系统的生命周期、工程设计，以及对物联网系统项目设计样例的分析，学生能够对物联网系统有完整的认知。在物联网系统工程设计的理论基础上，通过智慧家居的人体红外感应实训和智慧气体检测实训、智慧交通的照明灯光实训、智慧农业的温湿度控制实训，以及智慧锁的智能井盖实训，学生可以上手进行实验，从而获得理实一体的授课效果。本书实训部分使用小熊派实训套件，采用开源的STM32单片机设计，结合当前先进的NB-IoT通信方式，对物联网系统中的几个典型案例进行验收操作，可以直观地让学生明白物联网是如何应用到现实生活中的。由于本书采用开源设计和开放接口，因此给了学生充分的创新创造空间，不局限于现有的实训套件，可以得到更多的扩展。

未经许可，不得以任何方式复制或抄袭本书之部分或全部内容。
版权所有，侵权必究。

图书在版编目（CIP）数据

物联网综合实训 / 车巍，刘永锋主编. —北京：电子工业出版社，2023.11
ISBN 978-7-121-46865-0

Ⅰ. ①物… Ⅱ. ①车… ②刘… Ⅲ. ①物联网—高等职业教育—教材 Ⅳ. ①TP393.4 ②TP18

中国国家版本馆 CIP 数据核字（2023）第 244087 号

责任编辑：贺志洪
印　　刷：北京雁林吉兆印刷有限公司
装　　订：北京雁林吉兆印刷有限公司
出版发行：电子工业出版社
　　　　　北京市海淀区万寿路 173 信箱　邮编 100036
开　　本：787×1092　1/16　印张：10.5　字数：269 千字
版　　次：2023 年 11 月第 1 版
印　　次：2023 年 11 月第 1 次印刷
定　　价：42.00 元

前　　言

物联网是新一代信息技术的重要组成部分，在信息化时代的重要发展阶段，物联网逐渐成为集信息采集、传输、处理于一体的庞大系统，物联网与智慧城市的建设上升为国家战略。顾名思义，物联网就是物物相连的互联网。这有两层意思：其一，物联网的核心和基础仍然是互联网，它是在互联网的基础上进行延伸和扩展的网络；其二，物联网用户端延伸和扩展到了各种物品与物品之间，使之进行信息交换和通信，即物物相息。物联网通过智能感知、识别技术与普适计算等通信感知技术，广泛应用于网络的融合中，因此被称为继计算机、互联网之后的世界信息产业发展的第三次浪潮。

为了提高物联网及其相关专业师生的专业技术水平、教学实践能力、创新业务水平，推动高等职业院校物联网专业课程建设，促进物联网人才的培养，夯实物联网专业实用型人才的储备，编者编写了本书。书中所选课题可用于学校教学、综合实验、创新科研、课题设计、综合技能培训等领域，配合小熊派实训套件，对课堂内外形成有益的补充；通过丰富生动的案例，将理论与实际相结合，注重强化学生的实际操作能力，力求将物联网的最新实训内容带入课堂，使参训教师在最短的时间内掌握物联网专业教学基本知识，提高其实践指导能力，未来可以学有所需、学有所用，培养出满足产业发展需求的应用型人才。

由于物联网相关技术还处于蓬勃发展阶段，许多问题还有待进一步深入研究和探讨，因此书中难免存在疏漏和不当之处，编者非常希望得到广大专家、读者的修改建议，使本书更加完善。

编者

目　　录

第 1 章　物联网概述

物联网（Internet of Things，IoT）即"万物相连的互联网"，它是在互联网基础上进行延伸和扩展的网络，它将各种信息传感设备与网络结合起来形成的一个巨大的网络，实现在任何时间、任何地点的人、机、物的互联互通。物联网是新一代信息技术的重要组成部分，IT 行业又称之为泛互联，意指物物相连、万物互联。由此，物联网就是物物相连的互联网。

【学习目标】

1. 了解物联网的概念，描述物联网的起源和发展。
2. 了解物联网的体系结构。
3. 了解物联网使用的通信方式。
4. 了解物联网使用的通信协议。

【学习内容】

1.1　物联网的概念和起源

1.1.1　物联网的概念

首先来认识一下什么是物联网。从字面意思上解释，物联网是物物相连的互联网，即物联网本身就是指物品与物品之间通过互联网达到相互连通的效果。物联网本身是互联网的应用拓展，与其说物联网是网络，不如说物联网是业务和应用。在现实生活中，产业、行业的应用创新是物联网发展的核心，以用户体验为核心的应用创新是物联网发展的灵魂。

目前，比较被大众认可的物联网被定义为，物联网是通过条码及二维码、射频识别（RFID）、激光扫描仪、全球定位系统（GPS）、各类传感器（如红外传感器、温湿度传感器等）、无线传感器网络（WSN）等信息传感设备，按约定的协议，以有线或无线的方式，由各种局域网、接入网、互联网将任何物品（包括人）连接起来，进行信息交换和通信处理，以实现智能化识别、定位、跟踪、监控和管理的一种网络。

国际电信联盟（ITU）将物联网定义为，主要解决物品与物品（Thing to Thing，T2T）、人与物品（Human to Thing，H2T）、人与人（Human to Human，H2H）之间的互联。该定义的重点在于，H2T 是指人利用通用装置与物品进行连接，从而使人与物品的连接更加简化；H2H 是指人与人之间不依赖个人计算机（包括智能手机）进行的互联，如图 1-1 所示。因为互联网并没有考虑对物品进行连接的问题，所以人们才使用物联网来解决这一传统意义上的问题。在讨论物联网的 T2T、H2T 和 H2H 时，经常会引入一个更为广泛使用的英文缩写"M2M"，可以将其理解为人与人（Man to Man）、人与机器（Man to Machine）、机器与机器（Machine to Machine）的互联。

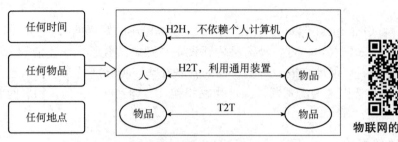

图 1-1　物联网概念示意图

我国也对物联网的概念做了详细的解释。中国物联网校企联盟将物联网定义为，当下几乎所有技术与计算机、互联网技术的结合，实现物品与物品之间，包括物品所在环境及状态信息的实时共享和智能化收集、传递、处理、执行。

物联网是一个基于互联网、传统电信网等信息承载体，让所有能够被独立寻址的普通物理对象实现互联互通的网络，具有智能、先进、互联 3 个重要特征。

人们对物联网的认识普遍存在 4 个误区：①把传感网或 RFID 网看作物联网，其实物联网内容的覆盖范围大于传感网和 RFID 网内容的覆盖范围；②把物联网看作互联网的无限延伸，将其当成所有物品的完全开放、全部互联、全部共享的互联网平台，事实上，物联网借助互联网，但不是互联网的延伸；③认为物联网就是物物互联的无所不在的网络，其实物联网不仅仅指物物互联，还指物品与人的互联；④将能够互动、通信的产品都看作物联网应用，这样理解过于片面，物联网是一个综合体，而非仅指某单一产品。

下面通过思考生活中的 3 个实际案例来进一步认识物联网。

1. 共享单车

共享单车 App 是如何获知单车位置的？扫码支付后，平台是如何知道骑行者打开了哪一辆共享单车的电动锁的？共享单车的电动锁上没有充电口，电动锁是如何保持长期有电的？

2. 食堂饭卡

在食堂刷饭卡时，卡内的资金是如何做到金额同步的？饭卡是如何缴费和扣费的？

3. 公交到站

相关软件是如何跟踪车辆到站信息的？公交车该如何调度才能更好地为人民服务？公交到站提示图例如图 1-2 所示。

这些都是生活中真实存在的案例，使人们处处、时时感受到物联网的存在。

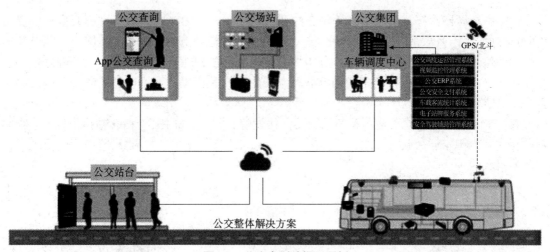

图1-2　公交车到站提示图例

思考一下，物联网还能应用到哪些领域中呢？物联网应用全景图如图 1-3 所示。可以看到，物联网已经深入社会的每个角落。

用	消费导向			政策导向		产业导向		产业服务	
	智慧家庭		智能穿戴 智慧医疗 智慧出行	智慧城市 智能安防 智慧消防	公用事业 智慧照明 智慧停车	智慧零售 智慧农业 智慧物流	车联网 智慧工业 智慧地产	研发与产品服务	
	智能 家电	全屋 智能	智慧屏						
云	PaaS平台				通用能力平台			认证 测试	标准化 组织
	通信厂商	互联网厂商	IT厂商	创新企业 工业企业		AI与大数据	安全 区块链		
边	边缘计算硬件载体				边缘计算平台软件			决策与市场服务	
管	无线通信							研究 咨询	行业 媒体
	非授权频谱		授权频谱				卫星物联		
	WLAN	WAN 方案 运营	工业无线 连接管理	基础设施 eSIM	设备商 运营商	通信软件 网维网优			
端	硬件/端侧元器件				软件/端侧能力			联盟组织	
	模 组	芯片	感知设备	新型电池 天线 屏幕	操作系统			技术	行业
		广域通信 AI 局域通信 控制	RFID 传感器		感知交互能力				
					语音识别	生物识别			

图1-3　物联网应用全景图

1.1.2　物联网的起源

物联网的发展历程如图 1-4 所示。物联网的基本思想出现于 20 世纪 90 年代，1995 年，比尔·盖茨在《未来之路》一书中曾提及物联网，但未引起人们的广泛重视。1999 年，美国麻省理工学院（MIT）的 Kevin Ash-ton 教授首次提出物联网的概念。2005 年 11 月 17 日，在突尼斯举行的信息社会世界峰会（WSIS）上，国际电信联盟发布《ITU 互联网报告 2005：物联网》，引用了"物联网"的概念。至此，物联网的定义和范围已经发生了变化，其覆盖范围有了较大的拓展，不再仅限于基于 RFID 技术的物联网。2009 年 1 月 28 日，奥巴马与美国工商业领袖举行了一次圆桌会议，作为仅有的两名代表之一，IBM首席执行官彭明盛首次提出"智慧地球"这一概念，建议新政府投资新一代的智慧型基础设施，同年，美国将新能源和物联网列为振兴经济的两大重点。2009年8月，时任国务院总理温家宝（现任国务院总理为李强）关于"感知中国"的讲话把我国物联网领域的研究和应用开发推向了高潮，无锡市率先建立了"感知中国"示范区（中心），中国科学院、运营商、多所大学在无锡市建立了物联网研究院，江南大学还建立了全国首家物联网实体学院。自"感知中国"概念被提出以来，物联网被正式列为国家五大新兴战略性产业之一，写入《政府工作报告》，物联网在我国受到了社会各界极大的关注。

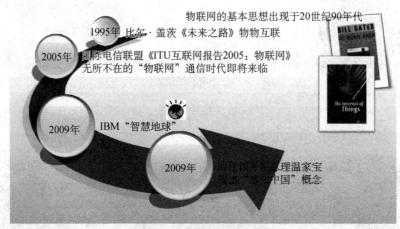

图1-4 物联网的发展历程

物联网的起源具有多样性且发展主线复杂的特点，目前公认的发展主线有3条：①RFID，1999年，MIT Auto-ID中心提出EPC系统及物联网的概念；②由普适计算中的感知与互联演化而来；③伴随着嵌入式系统的发展所得，20世纪90年代末，传感网起步，2006年，NSF Workshop on CPS（Cyber-Physical Systems，信息-物理融合系统）出现，由此演变发展，最终形成物联网。

1.2 物联网的结构

1.2.1 物联网的逻辑结构

物联网的结构从逻辑上可以分为4层：感知识别层、网络构建层（也称物理层）、管理服务层（俗称平台层）和综合应用层。从图1-5中可以看出，感知识别层是信息生成的地方，网络构建层是信息传输的地方，管理服务层是信息处理的地方，综合应用层是信息应用的地方。

下面来看一下在这4层中都有哪些具体的实物和案例。

在感知识别层中，有各种信息感知设备，如GPS、RFID设备，以及各类传感器等，这些设备都是用来得到或生成信息的。

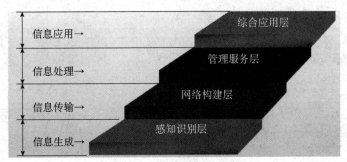

物联网的体系结构

图1-5 物联网的逻辑结构

在网络构建层中，物联网不仅依托计算机网络，还涵盖通信网络。

在管理服务层中，所有在感知识别层中采集的数据都在此得到分析处理，如常用的搜索引擎、玩游戏用到的数据中心、网络购物中用到的数据挖掘等。

在综合应用层中，主要的面向对象就是人类，如为了更高效地运送物品而生的智慧物流系统、为了更有效地管理交通而生的智慧交通系统等。

1.2.2 物联网在感知识别层中的应用

在感知识别层中，使用无线传感器、RFID 设备和智能设备接收或识别出所需的信息，包括温度、湿度、压力等，或者饭卡中的金额，商品的产地、生产日期等，或者声音、图片，甚至影像等，通过不同的设备采集多样化的信息，通过网络构建层将这些信息传输到管理服务层进行汇总分析。

通过感知识别技术，物品能够"开口说话""发布信息"，这是融合物理世界和信息世界的重要一环，是物联网区别于其他网络的最具有鲜明特征的部分。物联网就是通过这些"触手"来感知信息的，如无线传感器等信息自动生成设备，也包括各种智能电子产品（如智能手机、平板电脑等）。感知识别层位于物联网 4 层模型的底端，是所有上层结构的基础，如图 1-6 所示。

接下来看几个感知识别层中的具体实例。RFID 设备，即人们在日常生活中使用的饭卡等物品。RFID 设备的基本组成包含标签、阅读器（读卡器）和天线，如图 1-7 所示。它们的工作原理是这样的：阅读器通过天线发送电子信号，标签收到电子信号后发其内部存储的标识信息，阅读器通过天线接收并识别标签发回的信息，并将识别结果发送给主机。

除了 RFID 设备，还有传感器类的感知识别技术，随着时代的发展，由传统的传感器单独使用发展到无线传感器，最终形成无线传感器网络（由大量微型、低成本、低功耗的传感器节点组成的多跳无线网络），如美国弗吉尼亚大学研制的用于军事监测的 VigiNet 系统和美国哈佛大学研制的可穿戴的 Mercury 医疗监控传感器等，如图 1-8 所示。

在感知识别层中，还包含定位系统，其中，对于位置信息，其内容由空间信息扩展到了所在地理位置+处在该地理位置的时间+处在该地理位置的对象（人和设备）。定位系统包括 GPS 卫星定位、蜂窝基站定位和室内精确定位。物联网应用技术对定位系统的要求比较严格，其中，对于处于异构网络、复杂环境下的精准定位，还要求其应用范围大、位置信息的安全和隐私保护等。

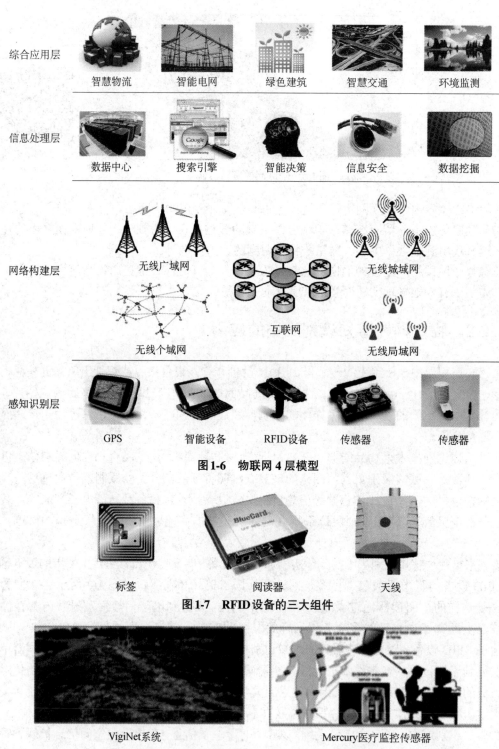

综合应用层　智慧物流　智能电网　绿色建筑　智慧交通　环境监测

信息处理层　数据中心　搜索引擎　智能决策　信息安全　数据挖掘

网络构建层　无线广域网　无线城域网　互联网　无线个域网　无线局域网

感知识别层　GPS　智能设备　RFID设备　传感器　传感器

图1-6　物联网4层模型

标签　阅读器　天线

图1-7　RFID设备的三大组件

VigiNet系统　Mercury医疗监控传感器

图1-8　VigiNet系统和Mercury医疗监控传感器

智能信息设备如图1-9所示，这是近几年新兴的设备，包括数字标牌、智能电视、智能手机、个人计算机和个人数字助理等，这些新产品的产生给物联网带来了新的助力。

图1-9 智能信息设备

1.2.3 物联网在网络构建层中的应用

物联网和现有网络有什么不同呢？物联网是下一代互联网吗？无线网络在物联网中扮演什么角色？网络构建层的主要作用是将感知识别层采集的信息传输到更高层，即管理服务层，即起到承上启下的作用，具有强大的纽带作用，具有高效、稳定、及时、安全地传输上下层数据的特点。由于感知识别层采集的信息的多样化，网络构建层也采用多种形式来传输信息，如移动互联网 2G、3G、4G，直到现在的 5G，还有无线低速网 ZigBee、蓝牙等，以及无线宽带网 Wi-Fi 和新兴无线接入技术、NB-IoT 等，如图 1-10 所示。

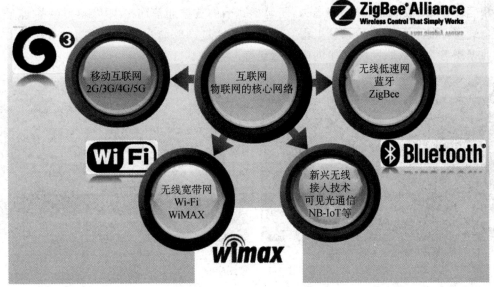

图1-10 网络构建层示意图

下面讲解各类形式的网络是如何应用于物联网的。

互联网：IPv6 解除了可接入网络的终端设备在数量上的限制。互联网/电信网是物联网的核心网络、平台和技术支持。

无线宽带网：Wi-Fi/WiMAX 等无线宽带技术的覆盖范围较广、传输速度较快，为物联网提供了高速、可靠、廉价且不受接入设备位置限制的网络数据传输手段。

无线低速网：ZigBee/蓝牙等低速网络协议能够适应物联网中能力较低的节点的低速率、低通信半径、低计算能力和低能量来源等特征。

移动互联网：移动互联网将成为全面、随时、随地传输信息的有效平台，高速、实时、高覆盖率、多元化处理多媒体数据，为"物品触网"创造条件。

新兴无线接入技术：60GHz 毫米波通信、可见光通信、低功耗广域网（如 LoRa、NB-IoT）等新兴技术有助于解决物联网面对的频谱资源受限、应用需求多样等问题。

1.2.4　物联网在管理服务层中的应用

管理服务层位于感知识别层和网络构建层之上、综合应用层之下，是物联网智慧的源泉。人们通常把物联网应用冠以"智能/智慧"的名称，如智慧交通、智慧物流、智能建筑等。当感知识别层生成的大量信息经过网络构建层传输汇聚到管理服务层时，如果不能有效地整合与利用这些信息，那么无异于"入宝山而空返"，望"数据的海洋"而兴叹。管理服务层解决数据如何存储、如何检索、如何使用、如何不被滥用等问题。

大数据一词我们已经耳熟能详了，那么，大数据和物联网有关系吗？答案是肯定的，物联网将成为大数据的重要来源之一，大数据也将为物联网的发展提供强有力的保障。网络化存储是物联网和大数据的一个标志，可以分为直接附加存储、网络附加存储和存储区域网络3 种方式，但网络化存储由于设备价格贵、能耗高等问题，目前只能部署于大、中等规模以上的商业团体。在管理服务层中，还有一种重要的设备——数据中心，它不仅包括计算机系统和配套设备（如通信/存储设备），还包括冗余的数据通信连接/环境控制设备/监控设备及安全装置，是一个大型的系统工程。数据中心通过高度的安全性和可靠性提供及时、持续的数据服务，为物联网应用提供良好的支持，如图 1-11 所示。

数据中心的服务器及网络

数据中心的冷却系统

图 1-11　数据中心

1.2.5　物联网在综合应用层中的应用

综合应用层在整个体系结构中处于最高层。所谓"实践出真知"，就是指无论何种技术，应用都是决定其成败的关键。物联网丰富的内涵催生出更加丰富的外延应用。传统互联网经历了以数据为中心到以人为中心的转化，典型应用包括文件传输、电子邮件、万维网、电子商务、视频点播、在线游戏和社交网络等；而物联网应用则以"物"或物理世界为中心，涵盖智慧交通、智慧物流、智能建筑、环境监测等。物联网应用目前正处于快速增长期，具有多样化、规模化、行业化等特点。

下面来认识一下基于华为 NB-IoT 解决方案的总体架构,这是目前技术较为领先的一种物联网架构,采用了新型的低功耗广域技术。在图 1-12 中,以智能电表为例,从 NB-IoT 模块的数据采集,到复用基站,移动互联网、互联网等核心网的信息传输,再到 IoT 平台的数据分析,最终展现到终端设备上。整个数据采集过程具有高效、数据容错率高、覆盖面广等特点,这是当今主流的一种物联网架构。

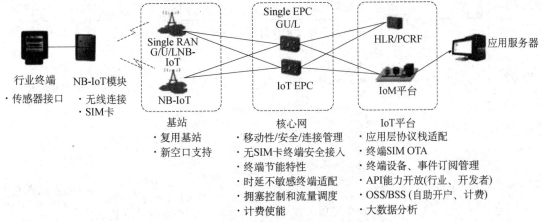

图 1-12　基于华为 NB-IoT 解决方案的总体构架

1.3　物联网通信方式

在物联网应用中,总共有两种通信方式,分别是有线通信和无线通信。

1.3.1　有线通信技术

物联网有线通信一般用于感知识别层中的传感器和网关,即集中器、控制器等,不同的应用场景是有区别的。它的主要工作是汇集底层各种传感器采集的数据,与远程云端物联网平台进行通信。比较常见的物联网有线通信技术包括以太网、RS-232、RS-485、M-Bus、PLC、CAN 等。下面从技术标准、拓扑结构及总线技术、技术特点和应用场景几方面来比较与了解它们各自的特性,如表 1-1 所示。

表 1-1　有线通信技术比较

通信技术	技术标准	拓扑结构及总线技术	技术特点	应用场景
以太网	IEEE 802.3 标准	使用总线型拓扑结构和 CSMA/CD 的总线技术。 ● 标准拓扑结构为总线型 ● 快速以太网为星型	协议全面、通用、成本低	智能终端、视频监控

通信技术	技术标准	拓扑结构及总线技术	技术特点	应用场景
RS-232	EIA 异步传输标准	使用串行总线型拓扑结构，采取异步传输方式。 传送逻辑（负逻辑）如下。 ● 逻辑"1"：电平为-15～-5V ● 逻辑"0"：电平为+5～+15V	一对一、成本低、传输距离较短	少量仪表、工业控制等
RS-485	EIA 同步传输标准	使用串行总线型拓扑结构，采用平衡发送和差分接收机制。 传送逻辑如下。 ● 逻辑"1"：两线间的电压差为+2～+6V ● 逻辑"0"：两线间的电压差为-6～-2V	一对多、成本低、抗干扰性强	工业仪表、抄表等
M-Bus	帕德伯恩大学与 TI 公司	使用串行总线型拓扑结构，采用电平特征传输数字信号。 传送逻辑如下。 ● 下行电压调制：逻辑"1"时为+36V，逻辑"0"时为+24V ● 上行电流调制：逻辑"1"时为1.5mA，逻辑"0"时为11～20mA	针对抄表设计、使用普通双绞线、抗干扰性强	工业能源消耗、数据采集
PLC	AMR 标准 PRIME；G3-PLC 技术规范；中国国家电网 HPLC（高速电力线载波）	调试方式为 OFDM，即正交频分复用。 分窄带 PLC 和宽带 PLC。 传送逻辑为高频	抗干扰、采用码分多址技术、功率谱密度很低	电网传输、电表
CAN	ISO 11898	有效支持分布式控制或实时控制的串行传输，采用差分电压进行传输。 传送逻辑如下。 ● 显性电平：逻辑"0"，电位差 Vdiff 为2.0V 左右 ● 隐性电平：逻辑"1"，电位差 Vdiff 为0V	多对多、总线仲裁、高速、抗干扰性强	汽车控制、大型仪器设备、工业控制、机器人等

1.3.2　无线通信技术

物联网无线通信技术主要适用于有线布线繁杂的场景，同时，随着无线通信技术的发展，无线模块成本降低，无线方式在很多物联网应用场景中代替了原先的有线通信方式，使传感器等设备组网、数据传输、控制等操作更加便捷。按照传输的距离范围来划分，物联网无线通信技术可以分为短距离无线通信技术和长距离无线通信技术，其中，长距离无线通信技术又可以分为蜂窝移动网络通信技术和低功耗广域网通信技术；短距离无线通信技术包括蓝牙、Wi-Fi、ZigBee、Z-Wave 等，主要用于传感器设备之间的组网。长距离无线通信技术中的蜂窝移动网络通信技术除了传统的手机接入，还常常在物联网中用于现场设备连接云端平台；低功耗广域网通信技术大多专为物联网海量设备直接连接云端定制。表 1-2 从标准制定、使用频段、传输速率、传输距离和应用场景几方面罗列了各种短距离无线通信技术各自的特性。

表 1-2 无线短距离通信技术标准及特点

通信技术	标准制定	使用频段	传输速率	传输距离	应用场景
蓝牙	SIG	2.4GHz	1～24Mbit/s	1～100m	鼠标、无线耳机、手机、计算机等邻近节点的数据交换
Wi-Fi	国际 Wi-Fi 联盟组织和 IEEE 802.11	2.4GHz, 5GHz	IEEE 802.11b：11Mbit/s IEEE 802.11g：54Mbit/s IEEE 802.11n：108～600Mbit/s IEEE 802.11ac：1Gbit/s	50～100m	无线局域网，家庭、室内场所高速上网
ZigBee	IEEE 802.15.4	868MHz, 915MHz, 2.4GHz	868MHz：20kbit/s 915MHz：40kbit/s 2.4GHz：250kbit/s	2.4GHz Band：10～100m	家庭自动化、楼宇自动化、远程控制
Z-Wave	Z-Wave 联盟	868.42MHz（欧洲），908.42MHz（美国）	9.6kbit/s 或 40kbit/s	30（室内）～100m（室外）	智能家居、监控和控制

对于长距离无线通信技术，下面来了解一下其中的蜂窝移动网络通信技术。它现阶段主要分为 2G、3G、4G、5G，下面从标准制定、使用频段、传输速率和应用场景几方面来介绍，如表 1-3 所示。

表 1-3 蜂窝移动网络通信技术标准及特点

通信技术	标准制定	使用频段	传输速率	应用场景
2G	ETSI、GSM	授权频段（以 900MHz 为主）	114kbit/s	POS、智能可穿戴设备
3G	3GPP WCDMA、CDMA200、TD-SCDMA	授权频段（以 900MHz、1800MHz 为主）	TD-SCDMA：2.8Mbit/s CDMA2000：3.1Mbit/s WCDMA：14.4Mbit/s	自动售货机、智能家居
4G	IEEE 802.15.4	868MHz，915MHz，2.4GHz	下行 Cat.6/7：220Mbit/s Cat.9/10：330Mbit/s	移动终端、视频监控
5G	3GPP IMT-2020	授权频段：C-Band 和毫米波	10Gbit/s（巴龙 5000 芯片支持的下行速率为 4.6Gbit/s，上行速率为 2.5Gbit/s）	AR、VR、辅助驾驶、自动驾驶、远程医疗

常见的低功耗广域网通信技术包括 SigFox、LoRa、NB-IoT、e-MTC、eLTE-IoT 等，下面从标准制定、使用频段、传输速率、传输距离和应用场景几方面来介绍，如表 1-4 所示。

表 1-4 低功耗广域网通信技术标准及特点

通信技术	标准制定	使用频段	传输速率	传输距离	应用场景
SigFox	Semtech	欧洲：868MHz 美国：915MHz （SubG 免授权频段）	100bit/s	1～50km	智慧家庭、智能电表、移动医疗、远程监控、零售

续表

通信技术	标准制定	使用频段	传输速率	传输距离	应用场景
LoRa	Semtech	470～510MHz（免授权）	0.3～50kbit/s	1～20km	智慧农业、智能建筑、物流跟踪
NB-IoT	3GPP，R13	中国电信：800MHz 中国联通：900MHz 中国移动：900MHz （主要在 SubG 授权频段）	<100kbit/s	1～20km	水表、停车、宠物跟踪、垃圾桶、烟雾报警、零售终端
eMTC	3GPP，R13	SubG 授权频段	<1Mbit/s	2km	共享单车、宠物项圈、POS、智能电梯
eLTE-IoT	华为 eLTE-IoT	SubG 免授权频段	<100kbit/s	3～5km	电网、路灯、垃圾桶、智能园区

通过图 1-13 可以更清晰地看到不同的传输距离和传输速率上的无线通信技术分别能应用到什么场景中。可以看到，传输速率高但传输距离较短的 Wi-Fi、蓝牙等主要用于一些数据量大的场景，传输速率低但传输距离远的 NB-IoT 等主要用于智能管理。

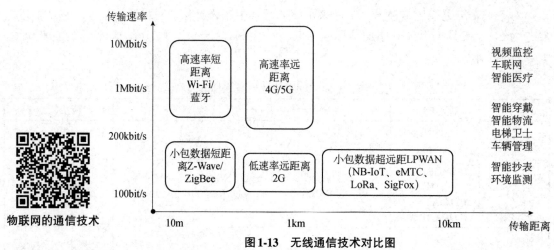

图 1-13　无线通信技术对比图

在表 1-3 和表 1-4 中，都有一个词——授权。其实，在各个国家，无线通信使用的频段都是由国家相关职能部门统一管理的，并不是随意使用的。下面来看一下基于授权频段和免授权频段的无线通信技术都是如何进行组网操作的。对于基于授权频段的无线通信技术、终端设备，即具有无线模组的传感器等设备，通过运营商基站将采集的数据传输到服务器中，由核心网传输给客户端。基于授权频段的无线通信技术在传输过程中只需向运营商购买网络服务，而不需要自己搭建中间的网络设备，这将大大减少搭建物联网平台的投入，也能降低网络维护的成本，如图 1-14 所示。

那么，基于免授权频段的无线通信技术是如何进行组网的呢？从图 1-15 中可以看到，搭载无线模组的终端设备同样将数据上传到服务器中，但网络中使用了 AP 和互联网的网络组合。这样看来，基于免授权频段的无线通信技术在物联网的网络构建层中需要自己组网，并且需要自己购买组网的相关设备，这样就增加了组网的资金投入，也增加了以后维护的工作量。因此，综上所述，现阶段还是以基于授权频段的无线通信技术为主来组网的。

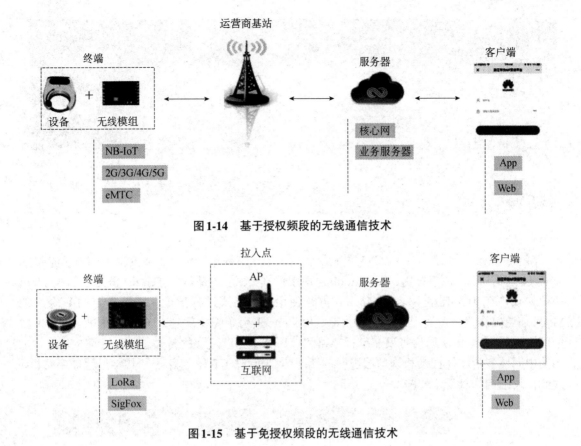

图1-14 基于授权频段的无线通信技术

图1-15 基于免授权频段的无线通信技术

1.4 物联网通信协议

通信协议是构建在通信技术之上的，通信技术用来完成物联网设备之间的物理网络链路的建立和维护，而通信协议则用来基于通信技术实现物联网设备的应用数据传输。在物联网中，比较常见的通信协议包括 Modbus、MQTT、CoAP、HTTP 等。从图 1-16 中可以看到，Modbus 和 MQTT 两种通信协议涵盖的范围很广，从远程通信的 2G/3G/4G/5G、NB-IoT、LoRa、以太网等到嵌入式操作系统，再到本地通信的 Wi-Fi、CAN 等，因此本书对 Modbus 和 MQTT 这两种通信协议做详细讲解。

1.4.1 Modbus 通信协议

Modbus 是一种基于请求/应答的串行通信协议，属于 OSI 模型应用层的报文传输协议中的一种。该通信协议是在 1979 年，Modicon 公司为了使用可编程控制器通信而发布的。目前，它已经成为工业领域通信协议的业界标准，不过随着时代的发展，Modicon 公司被施耐德公司收购了。因此，1996 年，施耐德公司在原有协议的基础上推出了基于以太网即 TCP/IP 的 Modbus 通信协议，这就使原有的 Modbus 通信协议得到了更广的扩充。

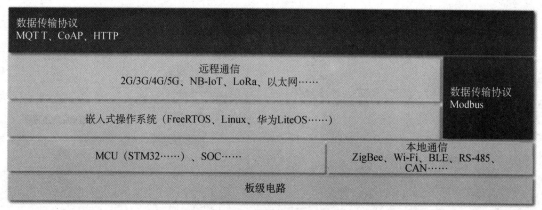

图1-16　物联网通信协议

　　Modbus 通信协议栈中包括 3 项协议内容，一是基于 RS-232 和 RS-485 串行链路的 Modbus 通信协议，在串行链路上，Modbus 使用报文格式；二是基于 TCP/IP 链路上的 Modbus 通信协议，在 TCP/IP 链路上，Modbus 同样使用报文格式进行传输；三是基于 MB+令牌的 Modbus 通信协议，在使用令牌的链路上，Modbus 采用令牌循环的方式进行传输。从图 1-17 中可以看到，Modbus 通信协议在串行链路和使用令牌的链路上的传输过程比较简单，没有过多的中间环节，往往直接和物理层进行链接通信；而在 TCP/IP 链路上，传输过程需要解析，因此协议结构相对复杂一些。

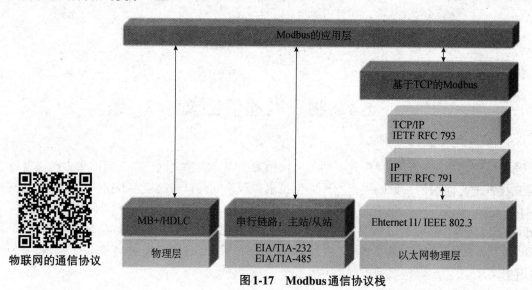

物联网的通信协议

图1-17　Modbus通信协议栈

　　Modbus 在处理事务即信息时，具有自己的事务处理机制，具体方法是建立客户机、服务器的事务处理模式。其中，客户机指的是发起 Modbus 通信请求的设备，服务器指的是响应 Modbus 通信请求的设备。事务处理的流程是这样的：启动客户机，创建 Modbus 应用数据单元，向服务器指示将会执行哪种操作；当服务器对客户机进行响应时，它本身会使用功能码来指示响应情况。服务器的响应方式可以分为正常响应和异常响应两种。

　　服务器正常响应的过程如图 1-18 所示，客户机先发起 Modbus 通信请求，此时，在请求的报文中包含功能码和请求数据；服务器在收到客户机的请求后开始执行操作，即启动响应操作，在响应的报文中包含功能码和响应数据；服务器将响应数据发送给客户机，客户机在收到信息后开始执行接收响应数据操作。在这个过程中，需要强调的是，服务器会将客户机的原始功能码作为响应功能码返回给客户机。

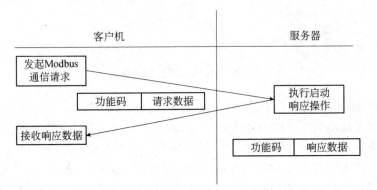

Modbus事务处理（正常响应）

图1-18 服务器正常响应的过程

服务器异常响应的过程如图 1-19 所示。同样，客户机先发起 Modbus 通信请求，服务器在收到客户机的请求后开始执行操作，并在操作过程中检测到差错。与正常响应不同的是，此时，服务器会启动差错处理机制，即将客户机请求的原始功能码的最高有效位设置成逻辑 1 后，将其作为差错码返回给客户机；客户机在收到信息后开始执行接收响应数据操作。此时，客户机接收的报文中会含有差错码和附带的异常码，客户机可以从异常码中得到异常原因。

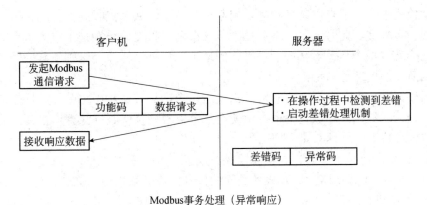

Modbus事务处理（异常响应）

图1-19 服务器异常响应的过程

在了解了 Modbus 的事务处理机制后，下面来学习 Modbus 通信帧的组成。在 Modbus 通信协议中，Modbus 通信帧即 ADU（应用数据单元），一共可以分成 4 部分，分别是地址域、功能码、数据和差错校验，如图 1-20 所示。其中，地址域占 1 字节，功能码占 1 字节，差错校验占 2 字节，剩下的都是数据域。差错校验使用的方法是 CRC，即循环冗余校验。Modbus 通信协议中的报文与其他报文不同的地方是它定义了一个与基础通信层无关的简单协议数据单元——PDU，主要包含功能码和数据域这两部分。需要强调的是，Modbus 通信帧在特定总线或网络上，能够在 ADU 上引入一些附加域。

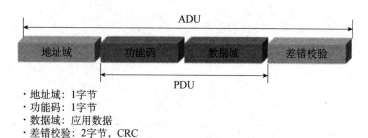

- 地址域: 1字节
- 功能码: 1字节
- 数据域: 应用数据
- 差错校验: 2字节, CRC

图1-20 Modbus通信帧的结构

现在来学习 Modbus 通信帧中的功能码。它可以分成 3 种类型，分别是公共功能码、用户定义功能码和保留功能码。公共功能码是协议本身已经定义好的，是较好的被定义的功能码，也是可以保证唯一性和公开性的功能码，只有 Modbus 组织才能对其进行修改或重新定义。公共功能码中包含已被定义支配和未来使用但未被指派而保留的功能码。用户定义功能码是用户在使用中可以进行自定义的功能码，但不能保证被选功能码的唯一性。保留功能码是指一些公司对传统产品通常使用，并且对公共使用无效的功能码。

Modbus 在多种链路上都可以进行信息传输，但使用最广泛的链路是串行链路，因此下面以串行链路为例来学习 Modbus 是如何应用的。Modbus 在串行链路上应用的形式是一个主从协议，其特点是在同一时刻，只有一个主节点与总线连接，一个或多个从节点可以连接到同一根串行总线上，但可连接的节点数量有最大值，最大值为 247。Modbus 通信总是由主节点发起的，在同一时刻，从节点在没有收到来自主节点的请求时，从不会发送数据，从节点之间从不会互相通信，主节点在同一时刻只会发起一个 Modbus 事务处理请求。主节点对从节点发出请求的模式分为两种，分别是单播模式和广播模式。

在单播模式中，主节点以特定地址访问某个从节点，从节点收到并处理完请求后，会向主节点返回一个报文，此时，一个事务处理包含了两个报文，分别是来自主节点的请求和来自从节点的应答。每个从节点都必须有唯一的地址，只有这样才能区别于其他节点，能被独立寻址。从节点的地址范围是 1~247。

在广播模式中，主节点会向所有从节点发送请求，从节点对于主节点广播的请求没有应答返回；广播请求的形式一般是写命令，所有从节点都必须接收并执行广播模式的指令。在传输报文的地址位上，地址 0 是专门用于标识广播数据的。

Modbus 在串行链路上传输时，其报文格式有两种：一种是 RTU，另一种是 ASCII 码。Modbus 通信协议在串行链路上所有设备之间的传输格式必须相同，通常情况下，设备会默认使用 RTU 的格式进行通信，ASCII 码格式会作为可选项。在 RTU 格式中，报文的每 8 字节会含有 2 个 4 位的十六进制字符。RTU 这种格式有较高的数据密度，同等波特率下比 ASCII 码格式有更高的吞吐率。ASCII 码格式的特点是每字节作为两个 ASCII 码字符发送，字符发送的时间间隔可以达到 1s。

1.4.2 MQTT 通信协议

下面学习 MQTT 通信协议，即消息队列遥测传输协议，它是一种基于客户端、服务器的发布/订阅模式的"轻量级"通信协议。它是在 1999 年由 IBM 公司发布的，2014 年成为 ISO、IEC 标准之一，目前发布的版本有 3.0 和 5.0 两个。MQTT 通信协议的特点：提供一对多的消息发布；解除应用程序耦合；消息传输对负载内容屏蔽；基于 TCP/IP 协议进行封装，同时支持 UDP 版本；提供 3 种等级消息发布服务质量；具有很低的传输消耗和协议数据交换功能，具有异常终端处理机制（最后遗嘱 LWT），当异常连接断开时，能通知到相关各方等。

　　MQTT 通信协议的消息传输机制是以发布/订阅模式进行的，在这种模式中，消息机制包含 3 种身份和 2 种角色，3 种身份分别是发布者、代理和订阅者。其中，消息的发布者同时可以是消息的订阅者。消息的发布者、订阅者都是客户端，代理是服务器。下面以传输温度传感器的温度值为例来看一下 MQTT 的消息传输原理：传感器作为客户端和发布者，发布消息给代理，代理收到传感器发布的温度值后，将温度值暂存起来，等待桌面客户端和手机客户端的更新请求，需要展示温度值的桌面客户端和手机客户端均作为订阅者到代理处订阅温度值更新的消息，即向代理提出更新请求，代理收到更新请求后会将温度值发布给桌面客户端和手机客户端。

　　MQTT 的消息内容涵盖了主题和负载两部分，主题用于识别负载应该被发布到哪个信息通道；而负载则可以理解为消息的内容，是订阅者具体要使用的内容。在 MQTT 的消息中，主题是由一个或多个主题层构成的，主题层之间使用正斜杠进行分隔，如图 1-21 所示。在 MQTT 通信协议中有一个小知识点，即主题的通配符，如果是单层主题，则通配符为"+"；如果是多层主题，则通配符为"#"。

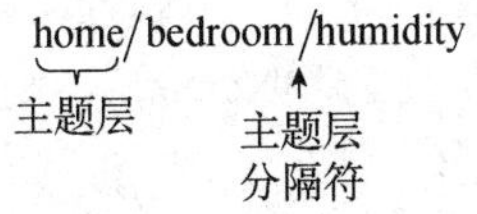

图1-21　MQTT 的消息内容

第 2 章　物联网系统设计

物联网系统设计方案随不同的应用领域而不同，但其分析与设计方法遵循软件工程的一般原则，开发过程包括需求分析、系统设计、实现和测试几个基本阶段，并且每个阶段都有其独特的特点和重点，许多成熟的分析与设计方案都可以在物联网系统领域得到应用。

【学习目标】

1. 了解物联网系统设计流程，描述常见方法论的原理及其特性。
2. 了解物联网常见工程设计规范。
3. 了解物联网实训系统设计过程及物联网产品。

【学习内容】

2.1　物联网系统的生命周期

物联网系统的生命周期经历以下过程：需求收集→可行性分析→需求分析→总体设计→详细设计→实现和单元设计→综合测试→专业检测→发布运行→升级维护。

2.1.1　过程管理方法

1. 系统过程模型

系统产品开发生命周期通常使用过程模型来表示，过程模型习惯上也称开发模型，是系统开发的全部过程、活动和任务的结构框架，典型的过程模型有瀑布模型、增量模型、演化模型（包括原型模型、螺旋模型）、喷泉模型等。

1）瀑布模型

在开发一个软件项目时，如果采用瀑布模型，则一般将软件开发分为软件计划（可行性分析）、需求分析、软件设计（包括概要设计和详细设计）、程序编码、软件测试、运行维护 6 个阶段，如图 2-1 所示。

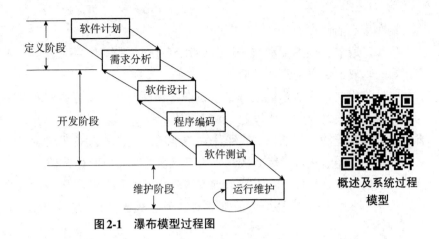

定义阶段

开发阶段

维护阶段

软件计划
需求分析
软件设计
程序编码
软件测试
运行维护

概述及系统过程
模型

图2-1 瀑布模型过程图

在瀑布模型中，相关阶段有不同的人员参与，在得到用户需求后，首先要进行需求分析，参与人员有用户、系统分析员和项目管理员，需求分析阶段的工作量大约占总工作量的 7%，得出分析报告以后进入下一个阶段，即软件设计阶段。软件设计阶段的参与人员有系统分析员、高级程序员和项目管理员。软件设计阶段的工作量大约占总工作量的 6%。软件设计报告完成后，进入程序编码阶段，该阶段的参与人员有用户、项目管理员和程序员。程序编码阶段的工作量大约占总工作量的 7%。源代码编写完成后需要进行软件测试，软件测试阶段的参与人员有用户、程序员和高级程序员。软件测试阶段的工作量大约占总工作量的 13%。经过大量测试，生成测试报告，进入运行维护阶段，该阶段的参与人员有用户及系统分析员、项目管理员和程序员，这个阶段的工作量大约占总工作量的 67%。在运行维护期间，如果用户提出更改需求，则还要再次进行需求分析，并修改系统，直至用户满意。瀑布模型的人员参与流程实例如图 2-2 所示。

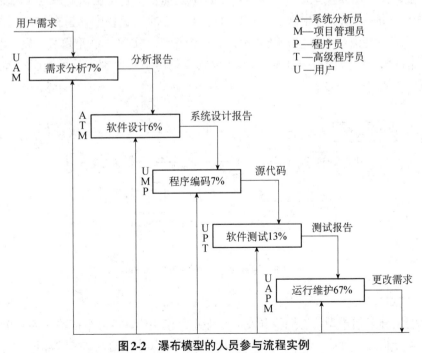

A—系统分析员
M—项目管理员
P—程序员
T—高级程序员
U—用户

图2-2 瀑布模型的人员参与流程实例

瀑布模型的特点如下。

（1）阶段兼具顺序性和依赖性。必须等前一阶段工作完成之后，才能开始后一阶段的工作。前一阶段的输出文档就是后一阶段的输入文档。

（2）推迟实现。清楚地区分逻辑设计与物理设计，尽可能推迟程序的物理实现。这是因为程序编码阶段之前的工作没做，或者做得不扎实，过早地进行程序实现往往导致大量返工，有时甚至发生无法弥补的错误，带来灾难性的后果。实践表明，对于规模较大的软件项目，往往编码开始得越早，最终完成开发工作所需的时间反而会越长。

（3）质量保证。每个阶段都必须完成规定的文档，没有交出合格的文档，就是没有完成该阶段的任务。每个阶段结束前都要对其所完成的文档进行评审，以便尽早发现问题，改正错误。

瀑布模型的优点如下。

（1）可强迫开发人员采用规范的方法。

（2）严格规定了每个阶段必须提交的文档。

（3）要求每个阶段交出的所有产品都必须经过质量保证小组的仔细验证。

瀑布模型的缺点。

（1）由文档驱动，在把可运行的软件产品交付给用户之前，用户只能通过文档来了解产品是什么样的。

（2）几乎完全依赖书面的规格说明，很可能导致最终开发出的软件产品不能真正满足用户需求。

（3）不适合需求模糊的系统。

基于以上缺点，瀑布模型的改进版 V-model 应运而生，它是由保罗卢克（Paul Rook）在1980 年率先提出的，1990 年出现在英国国家计算中心的出版物中，旨在提高软件开发的效率和有效性。该模型由需求建模、概要设计、详细设计、实现、单元测试、集成测试、系统测试、验收测试 8 个阶段构成，如图 2-3 所示。其中的每个阶段都不是单纯的时间递进关系，而是相互交叉、互为补充的。

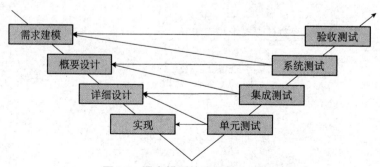

图 2-3　瀑布模型的改进版 V-model

2）增量模型

增量模型又称渐增模型，它把待开发的软件系统模块化，将每个模块作为一个增量组件，从而分批次地分析、设计、编码和测试这些增量组件，其实现过程如图 2-4 所示。

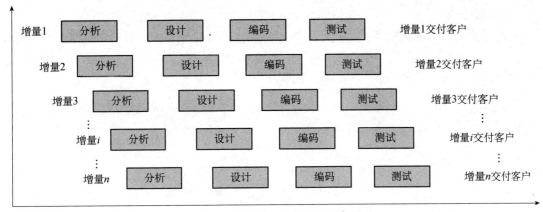

图 2-4 增量模型实现过程示意图

增量模型的优点如下。

（1）能够快速推出软件产品，满足用户需求，对用户有一定的镇定作用，同时不用一次性投入太多资源。

（2）灵活性比较高。

增量模型的缺点：由于软件的其他构件是后期加入的，因此构件之间的不稳定性容易导致系统崩溃。

3）原型模型

原型模型又称快速原型模型，是增量模型的另一种形式，它在开发真实系统之前构造一个原型，在该原型的基础上逐渐完成整个系统的开发工作，如图 2-5 所示。

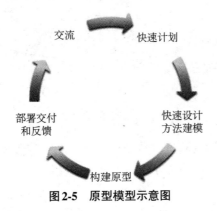

图 2-5 原型模型示意图

原型模型的优点如下。

（1）克服了瀑布模型的缺点，减小了由软件需求不明确带来的开发风险。

（2）适合预先不能确切定义需求的软件系统的开发。

原型模型的缺点如下。

（1）所选用的开发技术和工具不一定符合主流的发展要求，快速建立起来的系统结构加上连续的修改，可能会导致产品质量低下。

（2）使用这个模型的前提是要有一个展示性的产品原型，因此在一定程度上可能会限制开发人员创新。

4）螺旋模型

螺旋模型是一种演化软件开发过程的模型，这种模型的每个周期都包括制订计划、风险分析、实施工程和客户评估 4 个阶段，由这 4 个阶段进行迭代，如图 2-6 所示。软件开发过程每迭代一次，软件开发就前进一个层次。

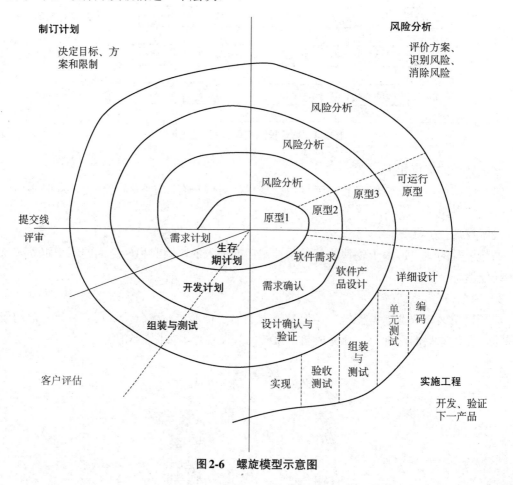

图 2-6　螺旋模型示意图

螺旋模型的优点：它在很大程度上是一种风险驱动的方法体系，因为在每个阶段开始之前，即在经常发生的循环之前，都必须首先进行风险评估。

螺旋模型的缺点如下。

（1）开发人员需要具有相当丰富的风险评估经验和专业知识。在风险较大的项目开发中，如果没有及时标识风险，那么势必会造成重大损失。

（2）过多的迭代次数会增加开发成本，延迟提交时间。

5）喷泉模型

喷泉模型是一种以用户需求为动力、以对象为驱动的模型，主要用于描述面向对象的软件开发过程，软件的某部分常常重复工作多次，相关对象在每次迭代中随之加入渐进的软件成分，如图 2-7 所示。

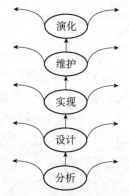

图 2-7　喷泉模型示意图

喷泉模型的优点如下。

（1）各个阶段没有明显的界限，开发人员可以同步进行开发。

（2）可以提高软件项目开发效率，节省开发时间，适用于面向对象的软件开发过程。

喷泉模型的缺点如下。

（1）各个阶段是重叠的，因此，在开发过程中需要大量的开发人员，不利于项目的管理。

（2）要求严格管理文档，使得审核的难度加大，尤其在面对可能随时加入各种信息需求与资料的情况下。

2．系统过程评估方法

系统过程评估和项目管理

系统开发和维护的模型、方法、工具与环境的出现对提高系统的开发、维护效率和质量起到了很大的作用。尽管如此，还是难以有符合预算和进度要求的高可靠性和高可用性的产品。因此，软件过程管理被提出。软件过程管理也叫系统过程管理。系统过程评估参考的模型有 CMM 和 CMMI。

（1）CMM（Capability Maturity Model，能力成熟度模型）。它是对软件组织在定义实施度量、控制和改善其软件过程的实践中各个发展阶段的描述，由美国卡内基梅隆大学软件工程研究所在 1987 年研制成功，是国际上最流行、最实用的软件生产过程标准和软件企业成熟度等级认证标准。我国已有很多软件企业通过了 CMM 标准认证。

CMM 把软件过程的成熟度分为以下 5 个等级。

● 初始级：工作无序，项目进行过程中常放弃当初的计划。

● 可重复级：管理制度化，建立了基本的管理制度和规程，管理工作有章可循。

● 已定义级：开发过程，包括技术工作和管理工作，均已实现标准化、文档化。

● 已管理级：对产品和过程建立了定量的质量标准。

● 优化级：可集中精力改进过程，采用新技术、新方法。

（2）CMMI（Capability Maturity Model Integration，能力成熟度模型集成）。它是在 CMM 的基础上发展而来的，是由美国软件工程学会（Software Engineering Institute，SEI）制定的一套专门针对软件产品的质量管理和质量保证标准。CMMI 提供两种实施方法：阶段式表示法和连续式表示法。连续式表示法强调的是单个过程的能力，从过程域的角度考察基线和度量结果的改善情况，其关键术语是"能力"；而阶段式表示法强调的是组织的成熟度，从过程域集合的角度考察整个组织的过程成熟阶段，其关键术语是"成熟度"。CMMI 有 5 个级别，代表软件团队能力成熟度的 5 个等级，数字越大，成熟度越高，高成熟度等级表示有比较强的软件综合开发能力。

● CMMI 一级：完成级。

● CMMI 二级：管理级。

● CMMI 三级：定义级。

● CMMI 四级：量化管理级。

● CMMI 五级：优化级。

上述 5 个级别中的每个低级别都是其上一个级别的基石，要达到高级别，必须首先达到低级别。企业在实施 CMMI 时，要一步一步地走，一般地讲，应该先从 CMMI 二级入手，在管理上下功夫，争取最终实现 CMMI 五级。

3. 系统项目管理方法

项目管理是管理学的一个分支学科，对项目管理的定义是，在项目活动中用专门的知识、技能、工具和方法，使项目能够在有限资源限定条件下实现或超过设定需求和期望的过程。项目管理是对一些成功达成一系列目标相关活动的整体监测和管控，包括策划、进度计划和维护组成项目的活动的进展。

有效的项目管理集中于 4P，即人员（People）、产品（Product）、过程（Process）和项目（Project）。常见项目管理技术包括关键路径法、计划评审技术和甘特图。项目管理还有专业人士资格认证的 PMP。

关键路径法（Critical Path Method，CPM）：通过分析项目过程中哪个活动序列进度安排的总时差最少来预测项目工期的网络分析，最早出现于 1956 年，当时美国杜邦公司的主要负责人摩根·沃克和雷明顿兰德公司的数学家詹姆斯·凯利研究如何能够采取正确的措施，在减少工期的情况下，尽可能少地增加费用。1959 年，詹姆斯·凯利和摩根·沃克共同发表了论文 *Critical Pass Planning and Scheduled*。其中不仅阐述了 CPM 的基本原理，还提出了资源分配与平衡费用计划的方法。优化关键路径是一种提高设计工作速度的有效方法。一般地，从输入到输出的延时取决于信号经过的延时最大的路径，而与其他延时小的路径无关。

CMP 的分析步骤：将项目中的各项活动视为有一个时间属性的节点，从起点到终点进行排列，用有方向的线段标出各节点的颈前活动和颈后活动的关系，使之成为一个有方向的网络图；用正推法和逆推法计算出各个活动的最早开始时间、最晚开始时间、最早完工时间和最晚完工时间，并计算出各个活动的时差，找出所有时差为 0 的活动组成的路线，此即关键路径。

计划评审技术（Program Evaluation and Review Technique，PERT）：最早是由美国海军在计划和控制北极星导弹的研制时发展起来的。PERT 使原先估计的研制北极星潜艇的时间缩短了两年。它是利用网络分析制订计划及对计划予以评价的技术，能协调整个计划的各道工序，合理安排人力、物力、时间、资金，加速计划的完成。在现代计划的编制和分析手段上，PERT 被广泛使用，是现代化管理的重要手段和方法。PERT 和 CPM 基本上一样，唯一的区别是 PERT 的每个活动的工期不是确定的。一个项目的关键路径是指一系列决定项目最早完成时间的活动，它是项目网络图中最长的路径，并且有最小的浮动时间或时差。浮动时间或时差是指一项活动在不耽误后续活动或项目的完成工期的条件下，可以拖延的时间长度。图 2-8 显示了一个简单项目的网络图。该网络图总共包含 4 条路径，每条路径都从第一个节点 1 开始，到最后一个节点 8 结束，通过将路径上各活动的历时相加，就可以计算出每条路径的长度。可以发现，路径 B-E-H-J 历时最长（16 天），因此这条路径叫作项目的关键路径。

甘特图：又称横道图、条状图，是以作业排序为目的，将活动与时间联系起来的最早尝试的工具之一。

PMP（Project Management Professional，项目管理专业人士资格认证）：由美国项目管理协会（Project Management Institute，PMI）发起，是严格评估项目管理人员知识技能是否具有高品质的资格认证考试，目的是给项目管理人员提供统一的行业标准。目前，PMI 建立的认证考试有 PMP（项目管理师）和 CAPM（项目管理助理师），已在全世界 190 多个国家和地区设立了认证考试机构。PMP 是目前项目管理领域含金量最高的认证，获取 PMP 证书，不仅可以提升项目管理人员的项目管理水平，还会直接体现项目管理人员的个人竞争力，是项目管理专业人士身份的象征。PMP 定义项目生命周期的全过程管理，将项目分五大过程，分别为启动、规划、执行、监控、收尾，如图 2-9 所示。

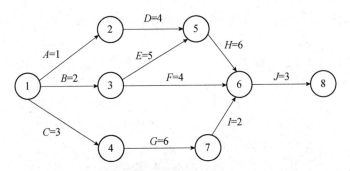

路径1：A-D-H-J 路径历时=1+4+6+3=14天（假设所有历时以天计）
路径2：B-E-H-J 路径历时=2+5+6+3=16天
路径3：B-F-J 路径历时=2+4+3=9天
路径4：C-G-I-J 路径历时=3+6+2+3=14天

图2-8　一个简单项目的网络图

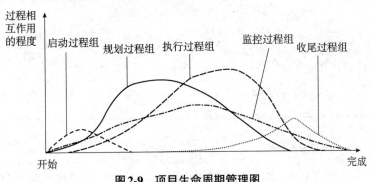

图2-9　项目生命周期管理图

项目过程管理的逻辑关系如图 2-10 所示。

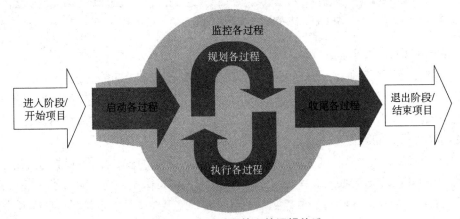

图2-10　项目过程管理的逻辑关系

4. 系统质量体系

质量体系

系统质量是指反映系统或产品满足规定或隐含需求的能力的特征和特性全体，保证系统质量的标准最为出名的是 ISO 9001。评价系统产品软件质量特性主要包括两种模型，ISO/IEC 9126 软件质量模型和 Mc Call 软件质量模型。

1）ISO 9001

ISO 9001 不是指一个标准，而是一类标准的统称，是由 TC176（质量管理体系技术委员会）制定的所有国际标准，是迄今为止世界上最成熟的质量框架，全球有 161 个国家和地区超过 75 万家组织正在使用这一框架。ISO 9001 用于证实组织具有提供满足客户需求和适用法规要求的产品的能力，目的在于提升用户满意度。随着商品经济的不断扩大和日益国际化，为提高产品的信誉，减少重复检验，削弱和消除贸易技术壁垒，维护生产者、经销者、用户和消费者各方权益，ISO 9001 提供独立的第三方质量体系认证，它不受产销双方经济利益支配，公正、科学，是各国对产品和企业进行质量评价与监督的通行证。作为用户对供方质量体系审核的依据，要求企业有满足其订购产品技术要求的能力。ISO 9001 质量管理体系内部结构图如图 2-11 所示。

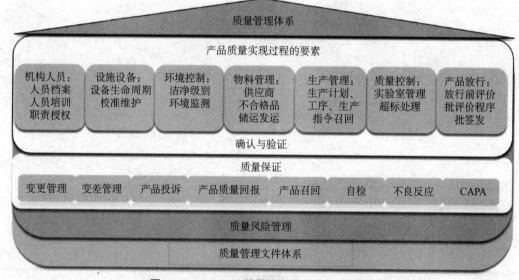

图 2-11 ISO 9001 质量管理体系内部结构图

2）ISO/IEC 9126 软件质量模型

软件质量是指反映软件系统或软件产品满足规定或隐含需求的能力的特征和特性全体。软件质量管理只对软件开发过程进行独立的检查活动，由质量保证、质量规划和质量控制 3 项主要活动构成。质量保证是指为保证软件系统或软件产品充分满足用户需求而进行的有计划、有组织的活动，其目的是生产高质量的软件。

ISO/IEC 9126 是一个软件质量的评估标准，后来被最新的软件质量标准 ISO/IEC 25010: 2011 取代。ISO/IEC 9126 软件质量模型由 3 个层次、6 个质量特性、27 个质量子特性组成。3 个层次的组成：第 1 层是质量特性，第 2 层是质量子特性，第 3 层是度量指标。它的 6 个特性和 27 个子特性如表 2-1 所示。

表 2-1　ISO/IEC 9126 软件质量模型的 6 个质量特性和 27 个质量子特性

质量特性	功能适合性	可靠性	易用性	性能效率	可维护性	可移植性
质量子特性	适合性	成熟性	易理解性	时间特性	易分析性	适应性
	准确性	容错性	易学性	资源利用性	易改变性	易安装性
	互操作性	易恢复性	易操作性	—	稳定性	共存性
	保密安全性	—	吸引性	—	易测试性	易替换性
	功能性的依从性	可靠性的依从性	易用性的依从性	效率依从性	维护性的依从笥	可移植性的依从性

ISO/IEC 25010:2011 有 8 个质量特性和 31 个质量子特性，它比 ISO/IEC 9126 多出的 2 个质量特性分别是兼容性和安全性，如图 2-12 所示。

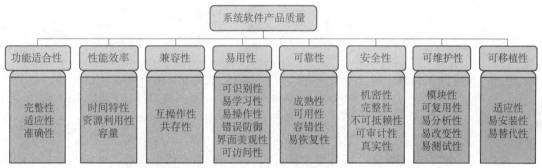

图 2-12　ISO/IEC 25010:2011 的 8 个质量特性和 31 个质量子特性

3）Mc Call 软件质量模型

Mc Call 软件质量模型也被称为 GE（General Electrics）模型。它最初起源于美国空军，主要面向系统开发人员和系统开发过程。Mc Call 软件质量模型试图通过一系列的软件质量属性指标来填补开发人员与最终用户之间的沟壑。它从软件产品的运行、修正和转移 3 方面确定了 11 个质量特性，给出了一个 3 层模型框架，其中，第 1 层是质量特性，第 2 层是评价准则，第 3 层是度量指标，如图 2-13 所示。

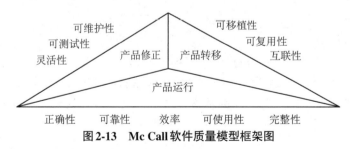

图 2-13　Mc Call 软件质量模型框架图

2.1.2　需求分析

系统需求就是系统必须完成的事及必须具备的品质，需求分析就是明确系统该完成什么事，以及必须具备什么样的品质，它是系统生命周期中相当重要

系统需求分析
设计与测试

的一个阶段。开发人员熟悉计算机，但不熟悉应用领域的业务；用户熟悉应用领域的业务，但不熟悉计算机。因此，对同一个问题，开发人员和用户之间可能存在认识上的差异。通过需求分析，开发人员和用户进行广泛的交流，最终形成一个完整的、清晰的、一致的需求说明。

系统需求包括功能需求、非功能需求和设计约束 3 方面。

功能需求指所开发的系统必须具备什么样的功能。

非功能需求指产品必须具备的属性或品质，如可靠性、性能、响应时间、容错性、扩展性、保密性和安全性。

设计约束即限制条件，或者叫补充规约，是对解决方案的一些约束说明。

需求分析需要输出产品需求文档（RPD，Product Requirements Documents），其包括如下内容。

- 确定系统的综合需求。
- 分析系统的数据要求。
- 导出系统的逻辑模型。
- 修正项目开发计划。
- 系统产品原型。

需求分析阶段主要解决做什么的问题，而怎么做是系统设计阶段要解决的问题。

2.1.3　系统设计

完成需求分析后，需要进行可行性分析，只有在完成可行性分析后，才可以进行系统设计。可行性分析的内容包括以下几部分。

- 需求是否明确。
- 现有的功能是否可以满足需求。
- 需要投入多少成本。
- 会产生什么样的收益。
- 对其他功能有什么影响。
- 是否对其他功能或条件有依赖。
- 团队是否有能力实现。
- 时机是否合适。
- 有没有系统风险。

系统设计的主要内容包括系统总体体系结构设计、代码设计、输出设计、输入设计、处理过程设计、数据存储设计、用户页面设计和安全控制设计等。嵌入式系统设计通常要对硬件和软件两部分进行设计。系统设计的基本任务大体上可以分为概要设计和详细设计。

1. 概要设计

概要设计包括系统总体体系结构设计、数据结构及数据库设计、编写概要设计文档、文档评审 4 部分。

1）系统总体体系结构设计

- 采用某种设计方法，将一个复杂的系统按功能划分成模块。
- 确定每个模块的功能及其软件与硬件的划分。

- 确定每个模块之间的调用关系。
- 确定模块之间的接口。
- 评估模块结构的质量。

系统总体体系结构设计是概要设计关键的一步，系统的质量及一些整体特性都在系统总体体系结构设计中确定。

2）数据结构及数据库设计

- 数据结构设计：对需求分析阶段的数据描述进行细化，使用抽象的数据类型。
- 数据库设计：分为概念设计、逻辑设计和物理设计。其中，概念设计是指在数据分析的基础上，采用自底向上的方法，从用户角度进行视图设计，一般用 ER 模型表示数据模型；对于逻辑设计，ER 模型要结合具体的数据库特征来设计逻辑结构；物理设计是指设计数据模型的一些物理细节，如存储要求、存储方法和索引的建立等。

3）编写概要设计文档

概要设计文档主要有概要设计说明书、数据库设计说明书、用户手册及修订测试计划。

4）文档评审

概要设计文档出来后，要对其进行评审，包括对设计部分是否完整地实现了需求中规定的功能和性能等要求，设计方法的可行性，关键的处理，以及外部接口定义的正确性、有效性，各部分之间的一致性等进行评审。

2. 详细设计

详细设计阶段的主要工作如下。

- 对每个模块进行详细的硬件或算法设计。
- 对模块内的数据结构进行设计。
- 对数据库进行物理设计及确定数据库的物理结构。
- 完成其他设计，包括代码设计、输入/输出设计、用户页面设计等。
- 编写详细设计说明书。
- 评审，即对处理过程的算法和数据库的物理结构进行严格的评审。

3. 系统设计原则

在将系统需求转换为系统设计的过程中，通常遵循以下原则。

- 抽象：包括过程抽象和数据抽象。
- 模块化：把复杂系统拆分成子模块，使复杂问题简单化。
- 信息屏蔽：接口封装，对外屏蔽内部差异。
- 模块独立：只完成系统要求的独立子功能，要求高内聚、低耦合。

4. 软硬件协同设计

软硬件协同设计是在一个设计系统中组织硬件和软件组件，使之协同工作的过程，软硬件协同设计和传统设计流程图如图 2-14 所示。

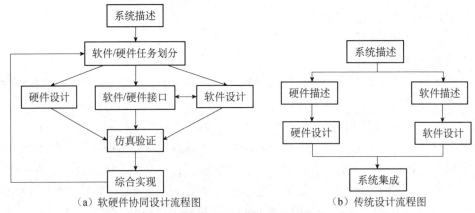

（a）软硬件协同设计流程图　　　　　　（b）传统设计流程图

图2-14　软硬件协同设计和传统设计流程图

5. 系统设计方法

系统设计方法包括结构化设计方法和面向对象的设计方法。结构化设计方法是一种面向数据流的设计方法，是以结构化分析阶段产生的成果为基础，自顶而下、逐步求精和模块化的过程；面向对象的设计方法是一种基于对象模型的程序设计方法，包括面向对象分析、面向对象设计、面向对象编程，是目前应用范围最广的系统设计方法。

结构化设计包括架构设计、接口设计、数据设计和过程设计等任务，它把系统作为一系列数据流的转换，输入数据被转换为期望的输出值，通过模块化完成自顶而下设计，并作为一种评价标准，在软件设计中起指导作用，通常与结构化分析衔接起来使用，以数据流图为基础得到软件的模块结构。结构化设计使用的工具有结构图和伪代码。

结构化设计的步骤：评审和细化数据流图→确定数据流图的类型→把数据流图映射为软件模块结构→设计出模块结构的上层→基于数据流图逐步分解高层模块→设计中下层模块→对模块结构进行优化→得到更为合理的软件结构→描述模块接口。

面向对象设计（OOP）包括七大原则。

● 单一职责原则：一个类只负担一项职责。

● 开闭原则：一个软件实体（如类模块和函数）应该对扩展开放、对修改关闭。

● 里氏替换原则：所有引用基类的地方必须能够透明地使用其子类对象。

● 依赖倒置原则：高层模块不应该依赖底层模块，两者都应该依赖其抽象，抽象不应该依赖细节，细节应该依赖抽象。

● 接口隔离原则：客户端不应该依赖它不需要的接口。

● 聚合/组合复用原则：尽量首先使用合成/聚合的方式，而不是使用继承。

● 迪米特原则：一个对象应该对其他对象有最少的了解。

面向对象设计包括23种设计模式，其中，创建型模式有5种：工厂方法模式、抽象工厂模式、单例模式、建造者模式、原型模式。

结构型模式有7种：适配器模式、装饰器模式、代理模式、外观模式、桥接模式、组合模式、享元模式。

行为型模式有11种：策略模式、模板方法模式、观察者模式、迭代子模式、责任链模式、命令模式、备忘录模式、状态模式、访问者模式、中介者模式、解释器模式。

另外，还有 2 种其他模式：并发性模式、线程池模式。

2.1.4 系统测试

在系统设计的整个流程中，不同阶段分别对应不同的测试环节，系统设计分析对应系统测试、需求分析对应配置项测试、概要设计对应部件测试、详细设计对应单元测试，上述测试都是在编码完成的基础上实施的，如图 2-15 所示。

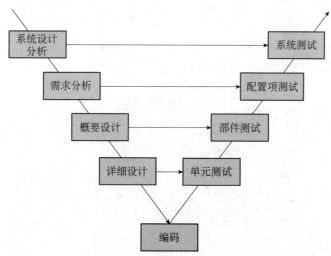

图2-15 系统测试与软件开发关系图

系统测试方法分为静态测试和动态测试。

静态测试包括检查单元和静态分析方法，主要进行文档代码的审查。

动态测试分为黑盒测试和白盒测试。

黑盒测试一般采用功能分解、等价类划分、边界值分析、判定表、因果图、随机测试、猜测法和正交试验法。

白盒测试一般包括控制流测试（语句覆盖测试、分支覆盖测试、条件覆盖测试、修订的条件/判定覆盖测试、条件组合覆盖测试、路径覆盖测试）、数据流传输、程序变异、程序插装、域测试和符号求值等。

2.2 物联网系统工程设计

2.2.1 系统工程设计要求

物联网系统工程
设计

物联网系统产品除了具有基本的软件功能，还往往存在工程方面的要求，这在设计之初就需要考虑。常见的要求有对工作环境的要求，包括商用和工业用场景对温湿度、气体粉尘和腐蚀性等的要求；对运输抗振的要求；对工作电磁场抗干扰的要求等。

1. 机械影响

机械影响指终端设备应能承受正常运行及常规运输条件下的机械振动和冲击，而不造成失效和损坏。机械振动强度要求如下。

- 频率范围：10～150Hz。
- 位移幅值：0.075mm（频率低于或等于60Hz）。
- 加速度幅值：$10m/s^2$（频率高于60Hz）。

2. 环境影响

环境影响通常指终端设备应能在所要求的环境温度/湿度下正常工作，特殊行业还存在其他特殊要求。常见环境要求如表2-2所示。

表2-2　常见环境要求

场所类型	级别	空气温度		湿度	
		范围/℃	最大变化率/a（℃/h）	相对湿度/b%	最大绝对湿度/（g/m³）
遮蔽	C1	−5～+45	0.5	5～95	29
	C2	−25～+55	0.5	10～100	
户外	C3	−40～+70	1		35
协议特定	CX	—	—	—	—

注：a 指温度变化率，取5分钟内的平均值。
　　b 指相对湿度，包括凝露。

3. 高低温湿热试验箱

高低温湿热试验箱用于模拟各种温湿度环境，适用于航空航天产品，电子仪器仪表、材料、电工、电子产品，以及各种电子元器件在高温、低温或湿热环境下的各项性能指标的检验。高低温湿热试验箱也用于高温老化实验。

4. 绝缘性要求

现代生活日新月异，人们几乎一刻也离不开电，在用电过程中就存在着用电安全问题。在电气设备中，如电机、电缆、家用电器等，它们的正常运行值就是其绝缘材料的绝缘强度及绝缘电阻的数值。当它们受热或受潮时，绝缘材料老化、绝缘电阻值减小，从而造成电气设备漏电或短路事故的发生。为了避免事故发生，就要求经常测量各种电气设备的绝缘电阻值，判断其绝缘强度是否满足设备需要。

绝缘性要求包括对绝缘电阻、绝缘强度和冲击电压3方面的要求。

绝缘电阻是绝缘物在规定条件下的直流电阻，即加直流电压于电介质，经过一定的时间，在极化过程结束后，流过电介质的泄漏电流对应的电阻，是电气设备和电气线路最基本的绝缘指标。对于绝缘电阻值的测量，要使用绝缘电阻仪（见图2-16）。

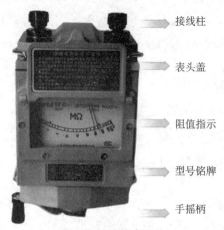

接线柱

表头盖

阻值指示

型号铭牌

手摇柄

图 2-16　绝缘电阻仪

对于绝缘强度的测量，要使用耐压测试仪，在不破坏绝缘材料性能的情况下，对绝缘材料或绝缘结构施加高电压的过程称为耐压测试。一般来讲，耐压测试的主要目的是检查绝缘材料或绝缘结构的绝缘耐受工作电压或过电压的能力，进而检验产品设备的绝缘性能是否符合安全标准。

耐压测试仪的工作原理是把一个高于正常工作的电压加在被测设备的绝缘体上，持续一段（规定的）时间，如果加在上面的电压只会产生很小的漏电流，则被测设备的绝缘性能较好。

耐冲击检测使用冲击电压试验仪。冲击电压试验仪是根据雷电波形进行雷电模拟试验的设备，广泛用于太阳能设备、电力设备、机电产品、电器、电线电缆等绝缘性能的非破坏性试验，并用于爬电距离验证、绝缘性能测试、防雷性能测试等情形。

5. 电磁兼容性

电磁兼容性（Electromagnetic Compatibility，EMC）是指设备或系统在其电磁环境中符合要求运行，并不对其环境中的任何设备产生无法忍受的电磁干扰的能力。电磁兼容性包括两方面的要求：一方面是指设备在正常运行过程中对其所在环境产生的电磁干扰不能超过一定的限值，另一方面是指设备对其所在环境存在的电磁干扰具有一定程度的抗扰度及电磁敏感性。

电磁兼容试验项目包括电压暂降和短时中断抗扰度、工频磁场抗扰度、射频电磁场辐射抗扰度、射频场感应的传导骚扰抗扰度、静电放电抗扰度、电快速瞬变脉冲群抗扰度、阻尼振荡波抗扰度、浪涌抗扰度等。

为了检测电磁兼容性，我国制定了 GB/T 17626—2018 电磁兼容系列标准（部分）。

GB/T 17626.1—2006 电磁兼容　试验和测量技术　抗扰度试验总论。

GB/T 17626.2—2018 电磁兼容　试验和测量技术　静电放电抗扰度试验。

GB/T 17626.3—2016 电磁兼容　试验和测量技术　射频电磁场辐射抗扰度试验。

GB/T 17626.4—2018 电磁兼容　试验和测量技术　电快速瞬变脉冲群抗扰度试验。

GB/T 17626.5—2019 电磁兼容　试验和测量技术　浪涌（冲击）抗扰度试验。

GB/T 17626.6—2017 电磁兼容　试验和测量技术　射频场感应的传导骚扰抗扰度。

GB/T 17626.7—2017 电磁兼容　试验和测量技术　供电系统及所连设备谐波、谐间波的测量和测量仪器导则。

GB/T 17626.8—2006 电磁兼容 试验和测量技术 工频磁场抗扰度试验。

GB/T 17626.9—2011 电磁兼容 试验和测量技术 脉冲磁场抗扰度试验。

GB/T 17626.10—2017 电磁兼容 试验和测量技术 阻尼振荡磁场抗扰度试验。

GB/T 17626.11—2008 电磁兼容 试验和测量技术 电压暂降、短时中断和电压变化的抗扰度试验。

GB/T 17626.12—2023 电磁兼容 试验和测量技术 第 12 部分：振铃波抗扰度试验。

2.2.2 物联网系统产品第三方认证

物联网系统产品在完成开发上市前，往往需要经过第三方认证，以满足即将入市的区域市场的要求。不同行业、不同市场有各种不同的标准。常见的产品认证标准如图 2-17 所示。

图2-17 常见的产品认证标准

计量类仪器仪表产品常见的检验标准及机构如表 2-3 所示。

表 2-3 计量类仪器仪表常见的检验标准及机构

认证名称	适用标准	国际检测机构
荷兰 KEMA	IEC 62053-11	荷兰电力试验所
欧盟 MID	EN 50470-1 EN 50470-2 EN 50470-3	荷兰 NMI 实验室
IDIS	IDIS-S02-001 E2.0 IDIS Pack2 IP profile IDIS-S02-002-object model Pack2	DNV GL
DLMS	IEC 62056 协议簇	DLMS 用户协会
南非 STS	IEC 62055-41	STS 协会
南非 SABS	SABS 国家标准	SABS
德国 PTB	德国国家标准	德国联邦物理技术研究院
美国 UL	UL2054、UL1642、UL51558、UL62368 （UL60950 和 UL60065 合并标准）等	美国安全试验所

第 3 章 智慧家居——人体红外
感应实训

3.1 实训说明

1. 实训介绍

红外传感技术已经在现代科技、国防和工农业等领域得到了广泛的应用。而人体红外感应则是红外传感技术应用到市场中的较为成熟的技术之一。人体红外感应广泛地应用在感应开关、防盗报警、感应灯具等方面，为人们的生活提供了极高的安全防范与极大的便利。本实训基于华为一站式开发工具平台——开发中心，从设备、平台到应用，端到端地构建一款人体红外感应解决方案样例。同时，该实训中也会着重介绍接线操作和代码编写、编译和烧录的内容，从而提升学生的实操能力。

2. 实训目的

完成本实训后，学生应具备以下能力。
- 掌握嵌入式 STM32 芯片 GPIO 总线通信相关的基本操作。
- 熟悉业务数据与 OC 平台数据交互的相关操作。

3. 预备知识

在进行本实训前，要求完成以下理论知识的学习。
- STM32 芯片 GPIO 总线通信机制。
- NB-IoT 通信原理。
- 红外感应传感器的工作原理。

4. 操作规范

- 遵守实验室设备电气性能要求。
- 遵守实验室 5S 要求。
- 做好实验设备静电防护工作。
- 实训过程严格按照实训操作步骤进行。

3.2 实训环境准备

1. 实训开发环境

本实训所需开发环境及设备如表 3-1 所示。

表 3-1　本实训所需开发环境及设备

序号	名称	版本/具体说明
1	操作系统	Windows 7/8/10
2	开发环境	华为 IoT Studio
3	开发板	实训开发板（含 NB 卡、NB35-A 通信扩展板、E53_IS1 案例扩展板等）
4	平台	华为一站式开发工具平台——开发中心（可用华为云账号登录后进行相关操作，华为云账号需要注册并完成实名认证）

2. 硬件连接

连接好 E53_IS1 案例扩展板和 NB35-A 通信扩展板，其中，NB35-A 通信扩展板需要安装 SIM 卡，并注意 SIM 卡的缺口朝外插入。将串口选择开关拨到 MCU 模式处，并用 USB 线将实训开发板与计算机连接起来，如图 3-1 所示。

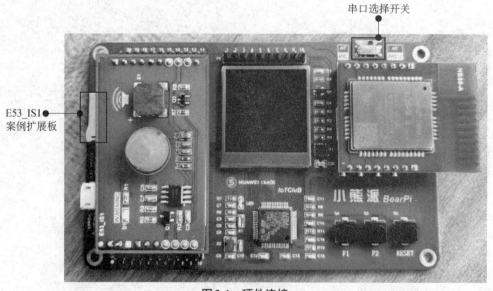

图 3-1　硬件连接

3. 实训流程

人体红外感应案例开发的整体流程如图 3-2 所示。

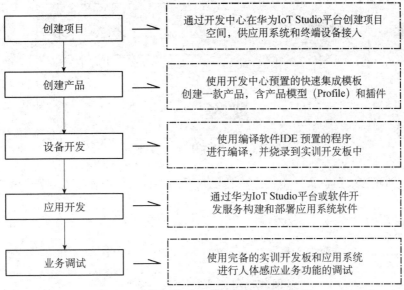

图3-2　人体红外感应案例开发的整体流程

3.3　实训任务

1. 创建项目

在开发前，开发人员需要基于行业属性创建一个独立的资源空间。在此资源空间内，开发人员可以开发相应的物联网产品和应用。

步骤 1　使用华为云账号登录物联网应用构建器，如图 3-3 所示。

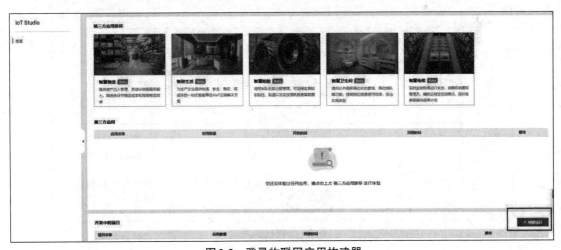

图3-3　登录物联网应用构建器

步骤 2　单击右下角的"创建项目"按钮，出现"创建项目"页面，填写项目名称（这里的示例名称为 BearPi-IoT），单击"确定"按钮，如图 3-4 所示。

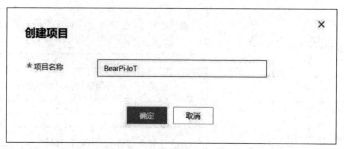

图 3-4 "创建项目"页面

步骤 3 创建完成后，页面中会生成自己建好的项目，单击"进入开发"按钮，如图 3-5 所示。

图 3-5 单击"进入开发"按钮

步骤 4 进入"IoT Studio"页面，单击"创建应用"按钮，填写参数后单击"确定"按钮，如图 3-6 所示。这里的应用名称为 Infrared。

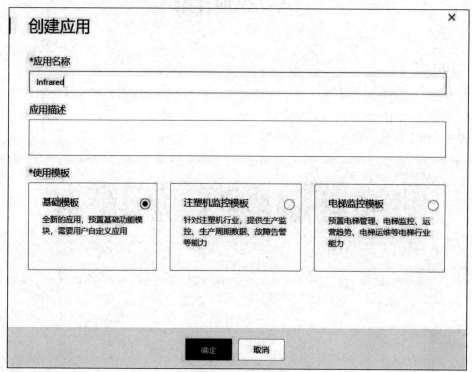

图 3-6 创建应用

2. 创建产品

某类具有相同能力或特征的设备的集合称为一款产品。除了设备实体，产品还包含该类设备在物联网能力建设中产生的产品信息、Profile、插件、测试报告等资源。

步骤1 使用华为云账号登录华为一站式开发工具平台——开发中心，单击设备接入，选择页面左侧的"产品"选项，单击右上角的下拉按钮，选择新建产品所属的资源空间，如图3-7所示。

图3-7 创建产品

步骤2 单击图3-7中的"创建产品"按钮，创建一个基于CoAP协议的产品，填写参数（见图3-8）后单击"立即创建"按钮。

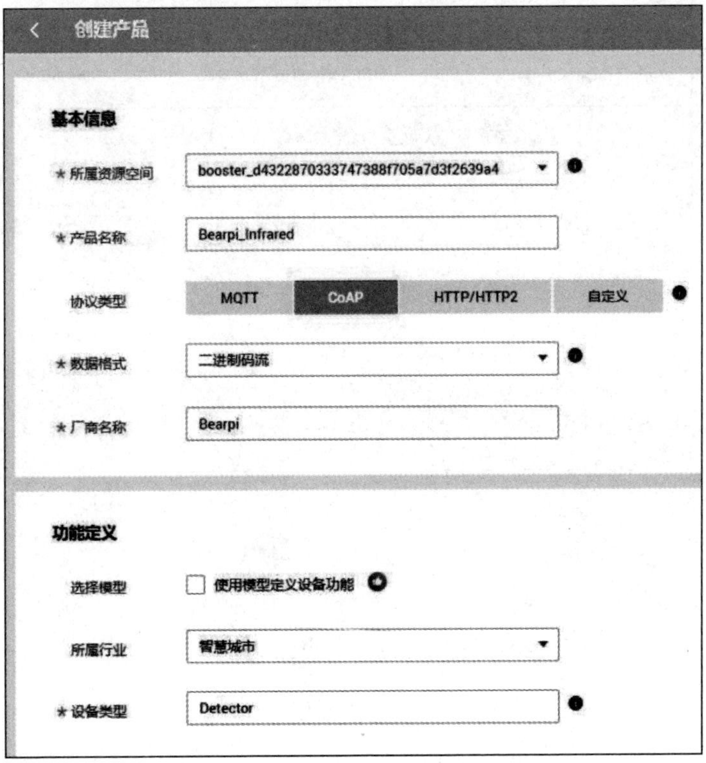

图3-8 填写参数

"创建产品"页面填写内容如表3-2所示。

表3-2 "创建产品"页面填写内容

基本信息	
所属资源空间	创建资源所需空间（可默认）
产品名称	自定义，如Bearpi_Infrared
协议类型	CoAP协议

数据格式	二进制码流
厂商名称	自定义，如Bearpi
功能定义	
选择模型	华为IoT Studio平台提供了3种创建模型的方法，此处使用自定义功能，即不勾选"使用模型定义设备功能"复选框
所属行业	智慧城市
设备类型	Detector

创建完成后，可以发现"产品"列表中多了"Bearpi_Infrared"产品，如图3-9所示，单击"详情"按钮后会弹出"Profile定义"页面。

产品名称	产品ID	设备类型
Bearpi_Infrared	5e957600c0cc27042eb1038c	Detector
BearPiKit_hauwei_model	5e957526de25350775af378e	BearPiKit

协议类型	操作
CoAP	详情 | 删除
CoAP	详情 | 删除

图3-9 创建产品

3. Profile 定义

在"模型定义"选项卡下，单击"自定义模型"按钮，配置产品服务，如图3-10所示。

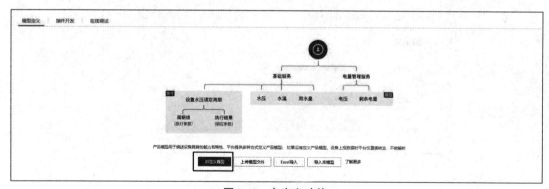

图3-10 自定义功能

设备服务列表如表3-3所示。

表3-3 设备服务列表

服务描述	服务名称（Service ID）
人体红外感应	Infrared

步骤 1　进入"添加服务"页面，填写相关信息后单击"确定"按钮，用来管理人体红外感应的功能，如图 3-11 所示。

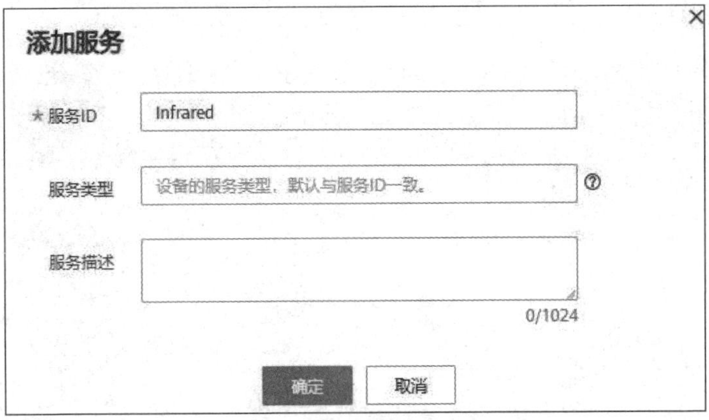

图 3-11　添加服务

步骤 2　在服务列表中找到"Infrared"选项，在右侧区域单击"新建属性"按钮，填写 Status 属性的相关信息，如图 3-12 所示。填写完成后单击"确认"按钮。

图 3-12　修改属性

4. 编解码插件开发

消息列表如表 3-4 所示。

表 3-4　消息列表

序号	消息名	消息类型	messageId
1	Infrared	数据上报	0x0

步骤 1　在产品详情的"插件开发"选项卡下选择"图形化开发"选项，并单击"图形化开发"按钮，如图 3-13 所示。

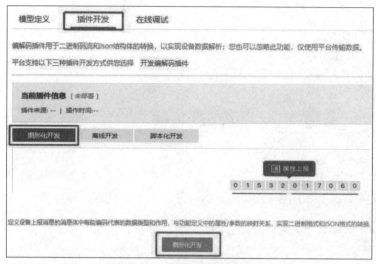

图 3-13　"插件开发"选项卡

步骤 2　在"在线开发插件"区域单击"新增消息"按钮，如图 3-14 所示。

图 3-14　单击"新增消息"按钮

步骤 3　新增消息 Infrared，如图 3-15 所示。

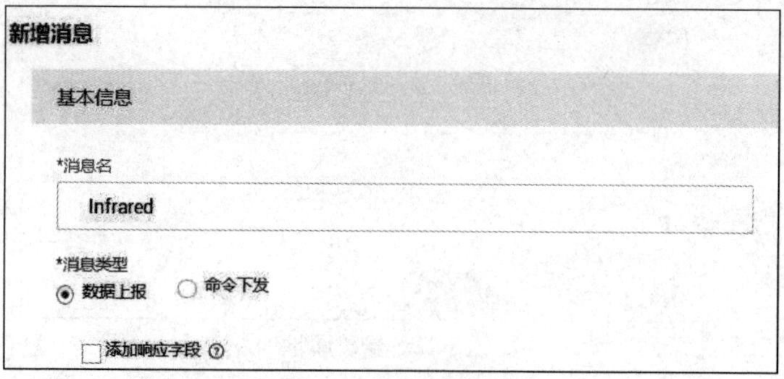

图 3-15　新增消息 Infrared

配置示例：

● 消息名：Infrared。

● 消息类型：数据上报。

①在"新增消息"页面，单击"添加字段"按钮。

②在"添加字段"页面，勾选"标记为地址域"复选框，添加地址域字段 messageId，如图 3-16 所示。填写相关信息后单击"确认"按钮。

图 3-16　添加地址域字段 messageId

③采用同样的方法添加 Status 字段，填写相关信息后单击"确认"按钮，如图 3-17 所示。

图 3-17　添加 Status 字段

配置示例：

● 名字：Status。

● 数据类型：string。

● 长度：4。

④在"新增消息"页面，单击"确认"按钮，完成消息 Infrared 的配置。

步骤 4　拖动右侧"设备模型"区域中的属性字段、命令字段和响应字段，分别与数据上报消息、命令下发消息和命令响应消息的相应字段建立映射关系，如图 3-18 所示。

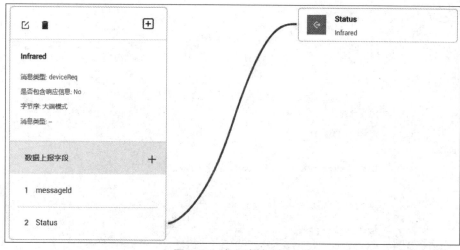

图3-18 建立映射关系

步骤5 单击"保存"按钮，并在插件保存成功后单击"部署"按钮，将编解码插件部署到华为 IoT Studio 平台上，如图 3-19 所示。

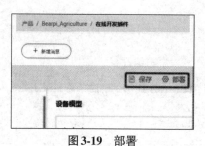

图3-19 部署

步骤6 在"在线调试"选项卡下单击"新增测试设备"按钮，填写相关信息，如图 3-20 所示。

图3-20 新增测试设备

配置示例：

● 设备名称：TEST（自定义即可）。

● 设备标识码：设备的 IMEI 号（此处为 863434047673535），可在设备上查看，如图 3-21 所示。

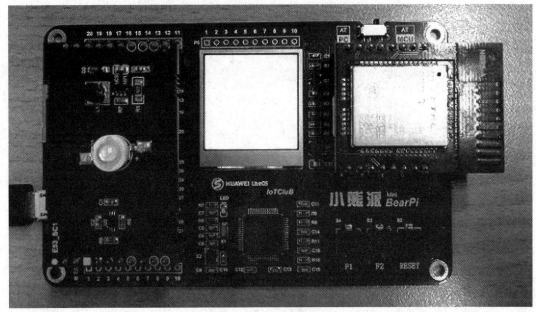

图 3-21　查看设备的 IMEI 号

5. 设备开发

请参考 3.4 节进行实训开发板的程序开发。

6. 应用开发

回到"IoT Studio"页面，在"Web 在线开发"选项对应的应用列表中单击之前创建好的应用，如图 3-22 所示。

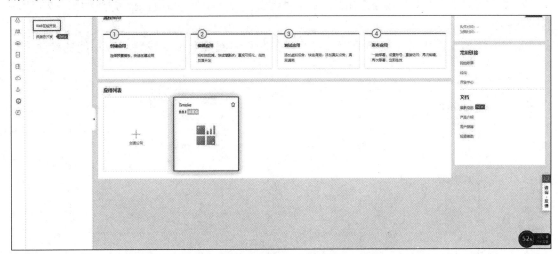

图 3-22　Web 应用开发

步骤 1　在"开发应用"页面，单击"开发应用"按钮，如图 3-23 所示。

图3-23   "开发应用"页面

步骤2   将鼠标指针移至"自定义页面1"上，在弹出的列表中选择"修改"选项，修改页面信息。在出现的页面中修改菜单名称为"人体红外感应"，其他保持默认设置，单击"确定"按钮，如图3-24所示。

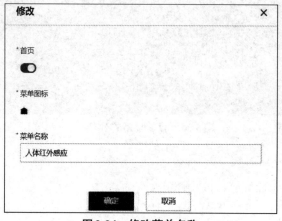

图3-24   修改菜单名称

步骤3   设计页面组件布局。

首先，拖动1个"选择设备"组件、1个"设备监控"组件至页面中，并按如图3-25所示的布局摆放。

其次，单击页面中的"红外监控"组件，在右侧的配置面板中设置对应功能的参数，如图3-26所示。

图3-25   摆放组件

图3-26   配置"红外监控"组件

步骤4   定位管理页面构建完成，单击右上角的"保存"按钮，并单击"预览"按钮查看应用页面效果，如图 3-27 所示。

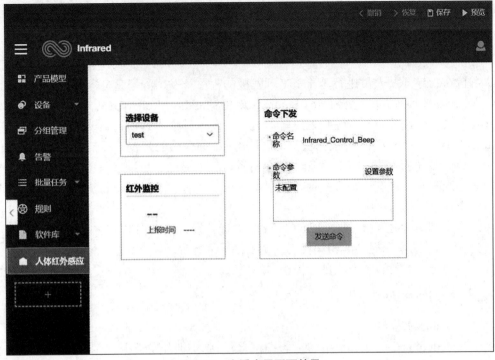

图 3-27　查看应用页面效果

7. 实训结果

给实训开发板重新上电，将手靠近 NB35-A 通信扩展板上的红外传感器，蜂鸣器会发出报警声，在应用页面，"红外监控"组件会显示"Have"字样，如图 3-28 所示；将手远离红外传感器后，蜂鸣器停止报警，"红外监控"组件显示"No"字样。

图 3-28　观察红外监控情况

3.4 实训代码烧录方法（通用）

本书旨在指导开发人员进行基于 IoT 开发板的程序开发，为了适应不同开发人员的开发需求，IoT 开发板目前提供适配了 IoT Studio、LiteOS Studio、Keil MDK v5 这 3 种编译器的代码，开发人员可任选其中一种编译器进行开发，开发过程中不建议切换编译器。目前，基于 IoT Studio 的代码还不支持 2G 通信板，需要使用 2G 通信板的开发人员请使用 LiteOS Studio 或 Keil MDK v5 进行开发。编译器版本请使用资料包中提供的版本，以免因为版本不同出现未知问题，影响开发进度。在开发前，请根据自己选择的编译器的安装指导手册完成编译器的安装工作。

注：本实训目前还不支持基于 IoT Studio 进行开发，请暂时使用 LiteOS Studio 或 Keil MDK v5 进行开发。本章提到的相关代码资源仅限于举例说明，请根据具体实训内容分别添加或导入，切勿对于不同的实训项目选择相同的资源。

1. 基于 IoT Studio 进行开发

1）IoT Studio 工程导入

基于 IoT Studio 工程创建项目，将程序样例烧录到实训开发板上。

步骤 1 打开 IoT Studio，在首页单击"创建 IoT Studio 工程"按钮，如图 3-29 所示。

图 3-29 创建 IoT Studio 工程

步骤 2 此时，弹出导入页面，填写工程名称并选择工程目录，选择"STM32L431_BearPi"硬件平台并选中"oc_agriculture_template"单选按钮，单击"完成"按钮导入相应工程，如图 3-30 所示。

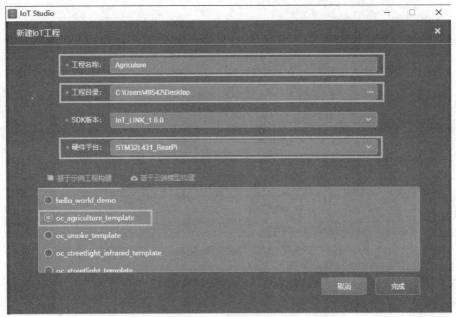

图 3-30　设置工程参数

说明　如果无法找到需要的示例工程，则可任意创建一种示例工程，并选择"文件"→"首选项"→"Studio 设置"选项，在 SDK 管理页面更新 SDK 版本，并重新打开编译器。

步骤 3　检查应用是否需要更新。进入工程后，首先单击左上角的"文件"菜单，在弹出的下拉菜单中选择"首选项"选项；然后在弹出的"Studio 设置"页面查看右下角的"安装/更新"状态，如图 3-31 所示。若按钮颜色为灰色，则无须更新，否则单击该按钮。

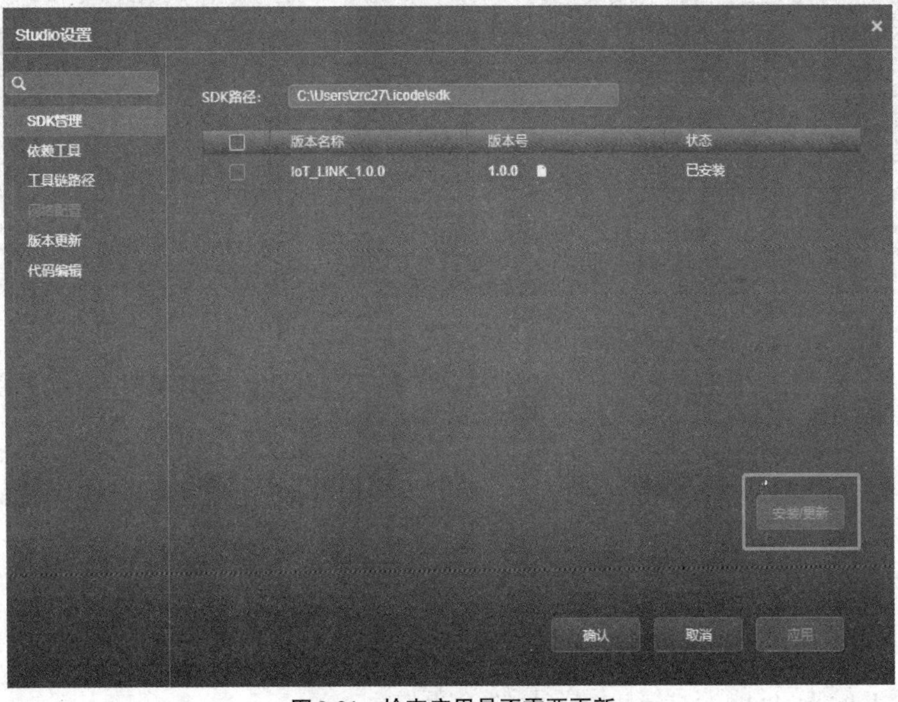

图 3-31　检查应用是否需要更新

2）IoT Studio 程序编译及烧录

步骤1 打开"oc_agriculture_template.c"文件，将程序中"#define cn_app_server"的对接 IP 地址修改为 119.3.250.80，并保存，如图 3-32 所示。

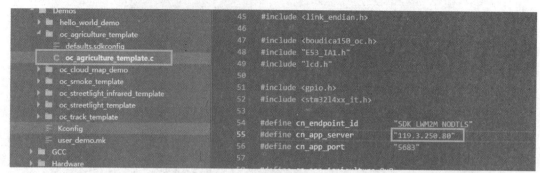

图 3-32　修改对接 IP 地址

步骤2 单击工具栏中的 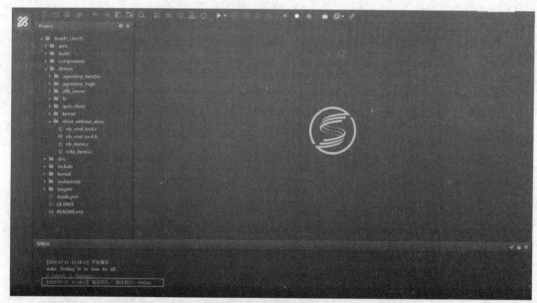 按钮，对当前工程进行编译。编译成功后，在控制台输出面板中显示"编译成功"字样，如图 3-33 所示。

图 3-33　编译成功

说明 如果编译失败，则选择"文件"→"首选项"→"Studio 设置"选项，在 SDK 管理页面更新 SDK 版本。

步骤3 连接好实训开发板，单击工具栏中的 按钮，即可将已编译好的程序烧录到实训开发板上，如图 3-34 所示。

说明 如果烧录失败，则确认 ST-Link 驱动是否已经安装。

2. 基于 LiteOS Studio 进行开发

基于 LiteOS Studio 将程序样例烧录到实训开发板上。

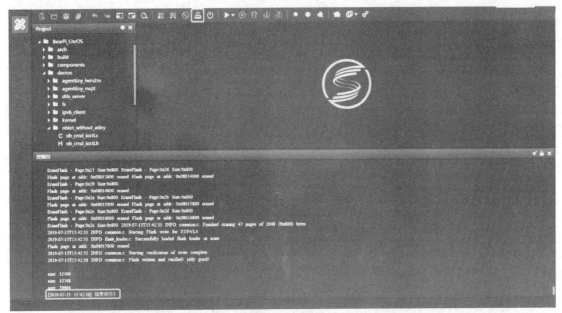

图3-34　烧录成功

1）LiteOS Studio 工程导入

步骤 1　打开 LiteOS Studio，在首页单击"导入其他嵌入式工程(gcc)"按钮，如图 3-35 所示。

图3-35　导入工程

步骤 2　在弹出的"导入"页面中选择需要导入的工程目录及对应的 MCU 类型。此处需要导入案例资源中提供的相关代码；需要将工程代码移至非中文路径下，并且不可有空格等特殊字符。实训开发板使用的 MCU 为 STM32L431RCT6，因此此处在"MCU 类型"下拉列表中选择"STM32L431RC"选项，单击"完成"按钮，导入相应工程，如图 3-36 所示。

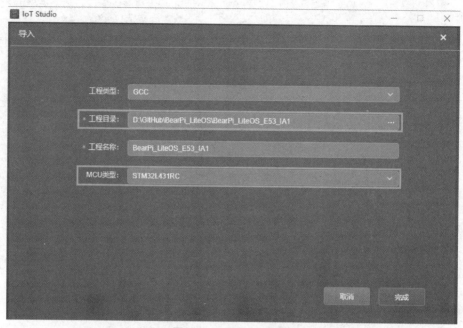

图 3-36　设置工程参数

2）LiteOS Studio 程序编译及烧录

步骤 1　在进行程序编译前，需要对工程进行如下配置。

①在打开的 STM32L431xx 工程中，单击工具栏中的 按钮，进行工程配置。

②选择"编译输出"选项，输出目录选择当前工程下的 build 输出目录，具体路径请根据实际情况进行修改，其他参数保持默认配置，如图 3-37 所示。

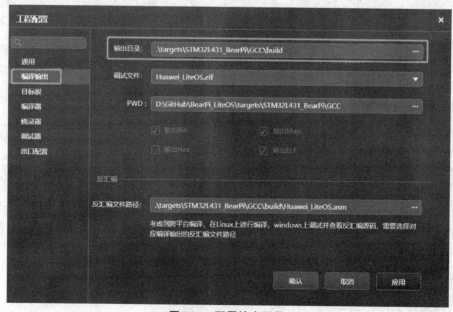

图 3-37　配置输出目录

③选择"编译器"选项，Makefile 脚本选择当前工程下的主 Makefile，具体路径请根据实际情况进行修改；Make 参数可配置为"-j8"，如图 3-38 所示。

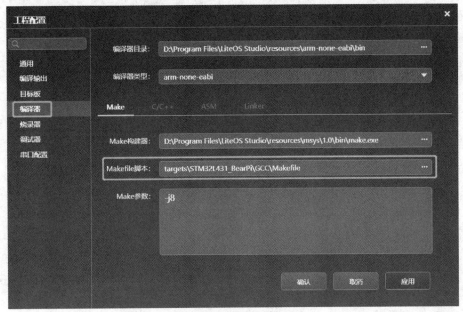

图 3-38　配置编译脚本

④选择"烧录器"选项，烧录方式选择"STLink/V2"，其他参数保持默认配置，如图 3-39 所示。

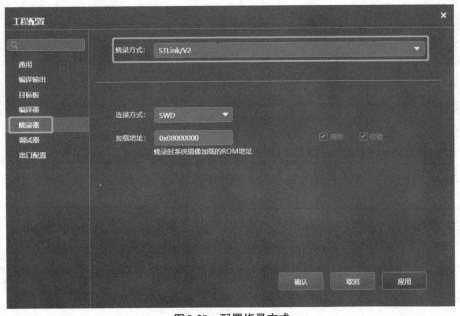

图 3-39　配置烧录方式

⑤选择"调试器"选项，调试器选择"STLink/V2"，其他参数保持默认配置，如图 3-40 所示。

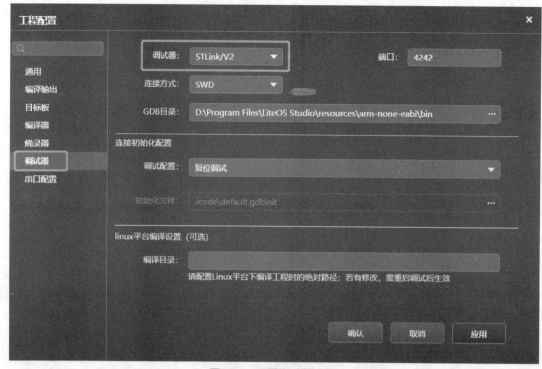

图3-40　配置调试器参数

步骤2　单击工具栏中的■按钮，对当前工程进行编译。编译成功后，在控制台输出面板中显示"编译成功"字样，如图3-41所示。

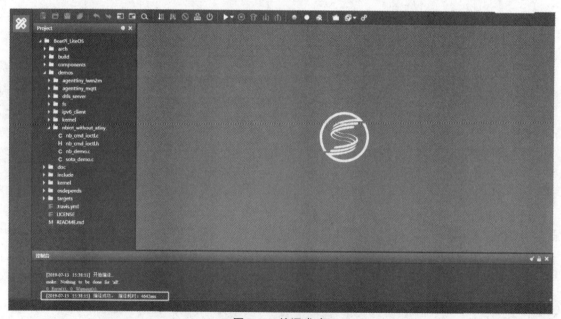

图3-41　编译成功

步骤3　连接好实训开发板，单击工具栏中的■按钮，即可将已编译好的程序烧录到实训开发板上，如图3-42所示。

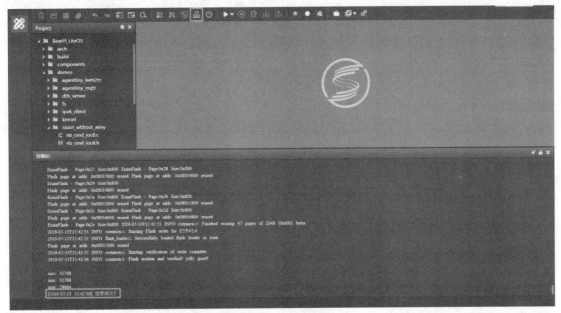

图 3-42 烧录成功

3. 基于 Keil MDK v5 进行开发

基于 Keil MDK v5 编译器，将程序样例烧录到实训开发板上。

1）Keil MDK v5 工程导入

步骤 1 打开 Keil MDK v5，在首页选择"Project"→"Open Project…"选项，如图 3-43 所示。

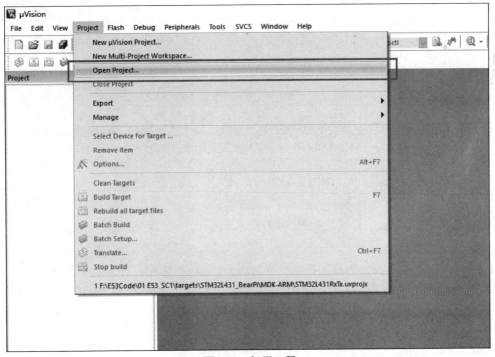

图 3-43 打开工程

步骤2 在弹出的"Select Project File"对话框中选择需要导入的工程目录。此处需要导入案例资源提供的资料包的"\03 案例及代码\01 E53_SC1\targets\STM32L431_BearPi\MDK-ARM"路径下的工程；需要将工程代码移至非中文路径下。单击"完成"按钮导入相应工程。当然，此处也可直接在文件夹中选择对应的工程文件，并单击"打开"按钮来导入工程，如图3-44所示。

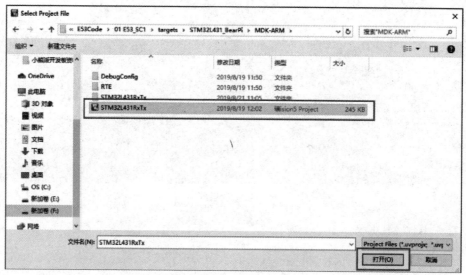

图3-44 导入工程

2）Keil MDK v5 程序编译及烧录

步骤1 在进行程序编译前，需要对工程进行如下配置。

①打开 Keil MDK v5 编译器后，单击工具栏中的图图标，如图3-45所示，进入工程配置对话框。

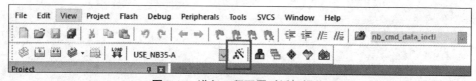

图3-45 进入工程配置对话框操作

②选择"Debug"选项卡，如图3-46所示，对仿真器进行设置。

③在仿真器选择下拉列表中选择"ST-Link Debugger"选项，并选中左侧的"Use"单选按钮，单击"Settings"按钮，如图3-47所示，进入 ST-Link V2 仿真器配置对话框。

④由于实训开发板设计的程序烧录方式为 SWD，因此此处在"Unit"下拉列表中选择"ST-LINK/V2"选项，在"Port"下拉列表中选择"SW"选项，并确认右侧"SWDIO"列表框内是否检测出 SW 设备，如图3-48所示。若未检测出 SW 设备，则需要检查设备连接是否正确。

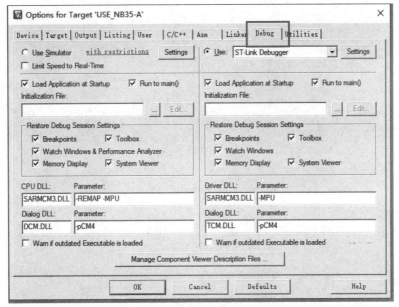

图 3-46　选择 "Debug" 选项卡

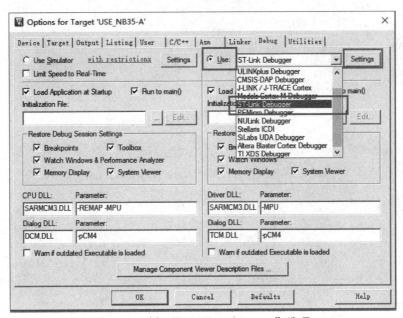

图 3-47　选择 "ST- Link Debugger" 选项

⑤单击 "Flash Download" 选项卡，对 Flash 算法进行配置。在这里，Keil MDK v5 会根据新建工程时选择的目标器件自动配置 Flash 算法。由于实训开发板使用的单片机为 STM32L431RCT6，Flash 的容量为 256KB，因此 "Programming Algorithm" 列表框中默认会有 STM32L4xx 256 KB Flash 算法。另外，如果这里没有 Flash 算法，则可以单击 "Add" 按钮打开 Flash 算法选择对话框，在此对话框中选择 "STM32L4xx 256 KB Flash" 算法并单击 "Add" 按钮完成算法的添加，如图 3-49 所示。完成后，选中 "Reset and Run" 复选框，以实现在编程后自动运行，其他选项保持默认配置即可。完成后单击 "应用" 按钮。

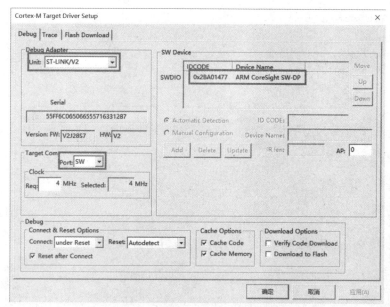

图 3-48　配置 ST- Link V2 仿真器

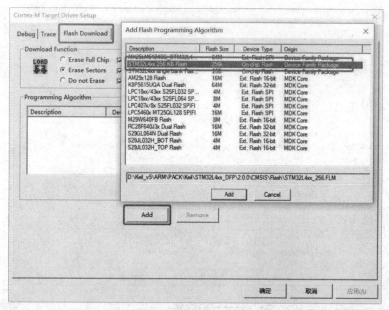

图 3-49　添加 Flash 算法

步骤 2　工程配置完成后，单击工具栏中的"Build"按钮，对当前工程进行编译，如图 3-50 所示。编译成功后，在控制台输出面板中显示如图 3-51 所示的字样。

说明　如果编译失败，则需要检查软件是否已被激活。

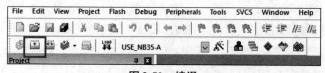

图 3-50　编译

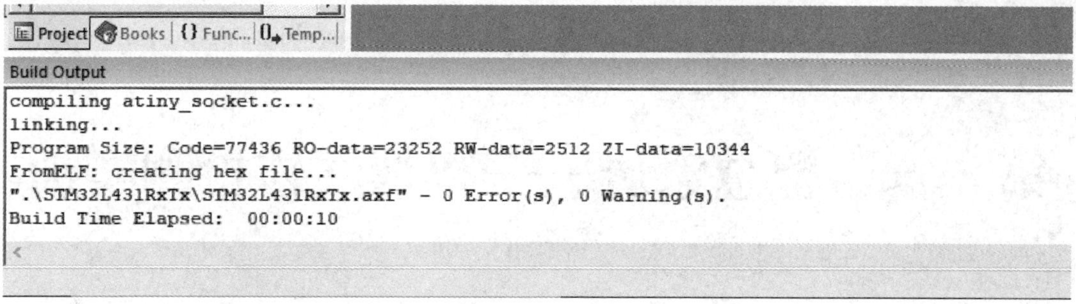

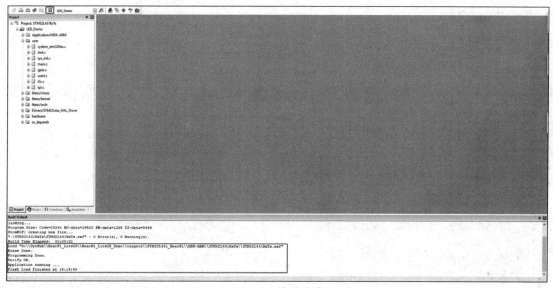

图 3-51　编译成功

步骤 3　连接好实训开发板，单击工具栏中的 LOAD 按钮，即可将已编译好的程序烧录到实训开发板上，如图 3-52 所示。

图 3-52　烧录成功

第 4 章　智慧家居——智慧气体检测实训

4.1　实训说明

1. 实训介绍

人们的消防意识逐渐提高，独立烟感技术得到一定程度的普及，它在防火减灾方面起到一定的作用。但由于独立烟感产品存在一定的局限，如人不在场收不到报警信息、工作状态不能被实时掌握。独立烟感没有完全解决这些问题。NB-IoT 智慧气体检测技术克服了传统烟感器布线难、电池使用周期短、维护成本高、无法与业主及消防机构交互等缺点。智慧气体检测技术采用无线通信，具备即插即用、无须布线、易于安装等特点。本实训基于华为一站式开发工具平台——开发中心，从设备、平台到应用，端到端地构建一款智慧气体检测解决方案样例。本实训着重介绍接线操作、代码编写、编译和烧录方面的内容，从而提升学生的实操能力。

2. 实训目的

完成本实训后，学生应具备以下能力。

- 掌握嵌入式 STM32 芯片 GPIO 总线通信相关的基本操作。
- 熟悉业务数据与 OC 平台交互的相关操作。

3. 预备知识

在进行本实训前，要求学生完成以下理论知识的学习。

- STM32 芯片 GPIO 总线通信机制。
- NB-IoT 通信原理。
- 平台：华为一站式开发工具平台——开发中心。
- IDE：IoT Studio（安装资料包中的版本）。
- 开发板：实训开发板（含 NB 卡、NB35-A 通信扩展板、E53_SF1 案例扩展板等）。

4. 操作规范

- 遵守实验室设备电气性能要求。
- 遵守实验室 5S 要求。
- 做好实验设备静电防护工作。
- 实训过程严格按照实训操作步骤进行。

4.2　实训环境准备

1. 实训开发环境

本实训开发环境及设备如表 4-1 所示。

表 4-1　本实训开发环境及设备

序号	名称	版本/具体说明
1	操作系统	Windows 7/8/10
2	开发环境	华为 IoT Studio
3	开发板	实训开发板（含 NB 卡、NB35-A 通信扩展板、E53_SF1 案例扩展板等）

2. 硬件连接

连接好 E53_SF1 案例扩展板和 NB35-A 通信扩展板。其中，NB35-A 通信扩展板需要安装 SIM 卡，并注意 SIM 卡的缺口朝外插入。将串口选择开关拨到 MCU 模式处，并用 USB 线将实训开发板与计算机连接起来，如图 4-1 所示。

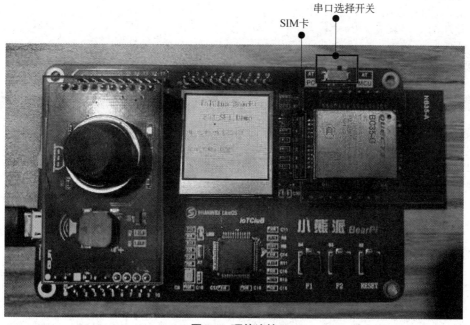

图 4-1　硬件连接

3. 实训流程

智慧气体检测案例开发的整体流程如图 4-2 所示。

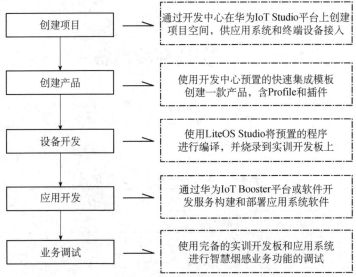

图4-2　智慧气体检测案例开发的整体流程

4.3　实训任务

1. 创建项目

在开发前，开发人员需要基于行业属性创建一个独立的资源空间。在该资源空间内，开发人员可以开发相应的物联网产品和应用。

步骤1　使用华为云账号登录物联网应用构建器，如图4-3所示。

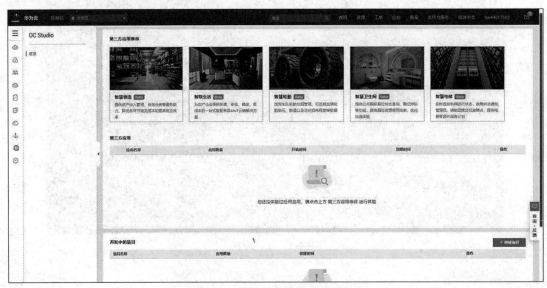

图4-3　登录物联网应用构建器

步骤 2　单击右下角的“创建项目”按钮，在出现的页面中填写项目名称，这里填写“OceanConnect”，单击“确定”按钮，如图 4-4 所示。

创建项目
* 项目名称
OceanConnect
确定
取消

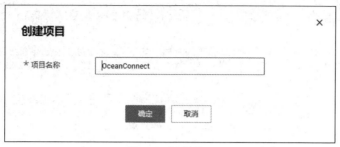

图 4-4　创建项目

步骤 3　创建完成后，页面中会生成自己建好的项目，单击“进入开发”按钮，如图 4-5 所示。

开发中的项目
+ 创建项目
项目名称
应用数量
创建时间
操作
OceanConnect
0
2020/04/01 11:16:51 GMT+08:00
进入开发
删除

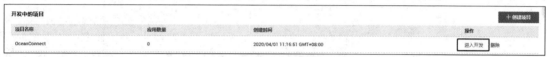

图 4-5　单击“进入开发”按钮

步骤 4　进入“IoT Studio”页面，单击“创建应用”按钮，填写参数后单击“确定”按钮，如图 4-6 所示。这里的应用名称为 Smoke。

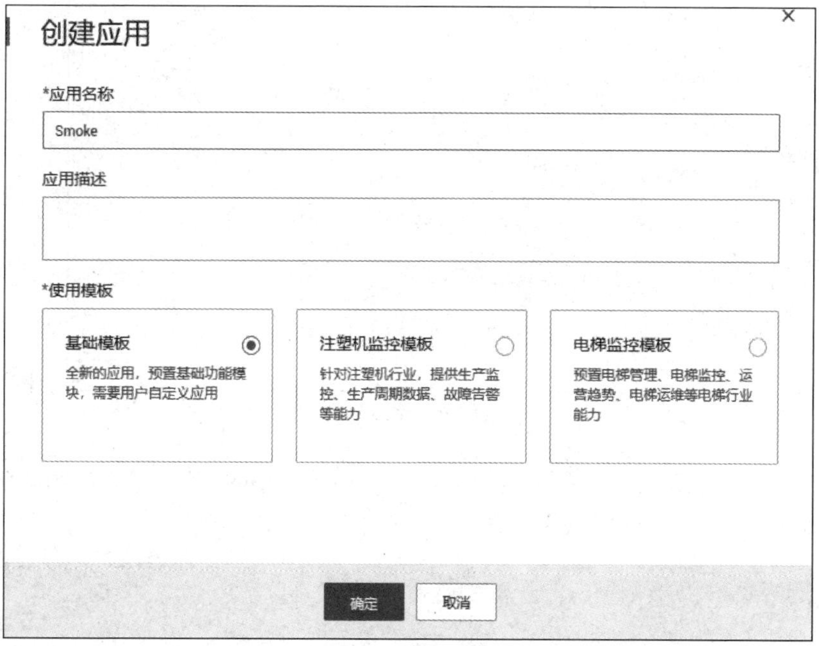

创建应用
*应用名称
Smoke
应用描述
*使用模板
基础模板
全新的应用，预置基础功能模块，需要用户自定义应用
注塑机监控模板
针对注塑机行业，提供生产监控、生产周期数据、故障告警等能力
电梯监控模板
预置电梯管理、电梯监控、运营趋势、电梯运维等电梯行业能力
确定
取消

图 4-6　创建应用

2. 创建产品

步骤 1　使用华为云账号登录华为一站式开发工具平台——开发中心，单击设备接入，选

择页面左侧的"产品"选项，单击右上角的下拉按钮，选择新建产品所属的资源空间，如图 4-7 所示。

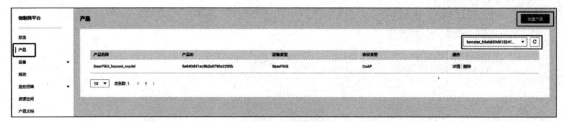

图 4-7　创建产品

步骤 2　单击图 4-7 中的"创建产品"按钮，创建一个基于 CoAP 协议的产品，填写参数（见图 4-8）后单击"立即创建"按钮。

图 4-8　填写参数

创建完成后，可以发现"产品"列表中多了"Bearpi_Smoke"产品，如图 4-9 所示，单击"详情"按钮，出现"Profile 定义"页面。

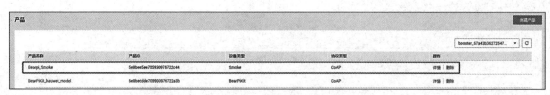

图 4-9　"产品"列表

3. Profile 定义

在"模型定义"选项卡下，单击"自定义模型"按钮，配置产品服务，如图 4-10 所示。

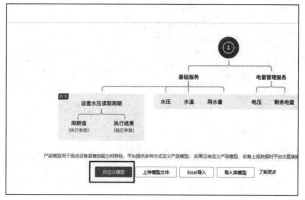

图 4-10　自定义模型

步骤 1　进入"新增服务"页面，填写相关信息后单击"确认"按钮，用来管理烟感功能，如图 4-11 所示。这里的服务名称为 Smoke。

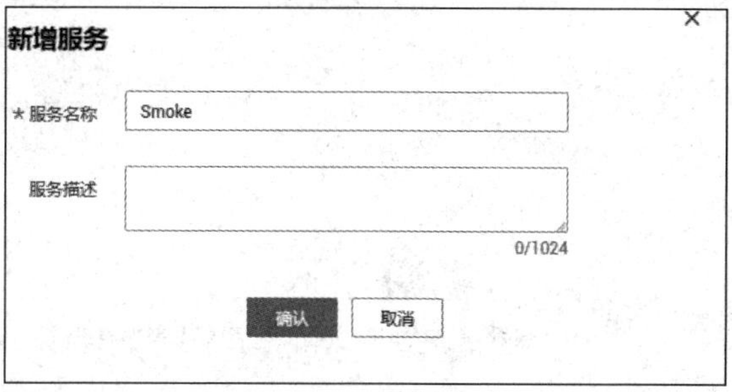

图 4-11　新增服务

步骤 2　在"Smoke"服务下单击"添加属性"按钮，填写相关信息（这里的属性名称为 Smoke_Value），如图 4-12 所示，单击"确认"按钮。

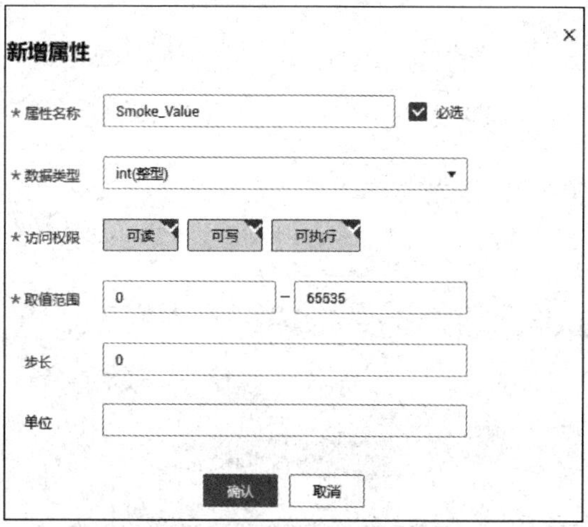

图 4-12　新增属性 Smoke_Value

步骤 3 在"Smoke"服务下单击"添加命令"按钮，出现"新增命令"页面，填写相关信息，如图 4-13 所示。

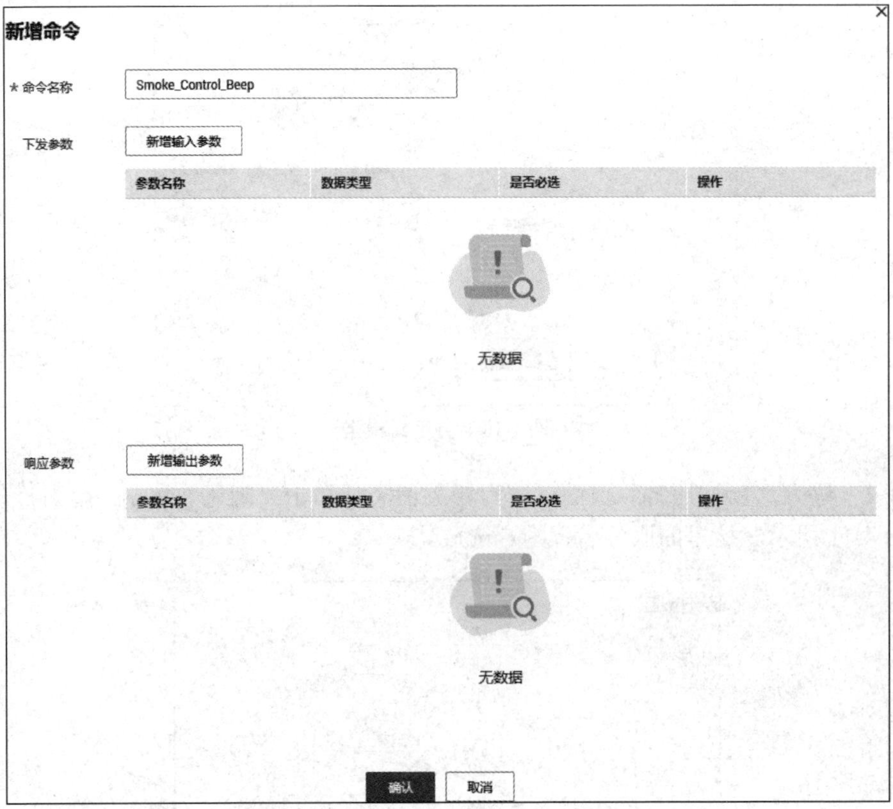

图 4-13 新增命令 Smoke_Control_Beep

步骤 4 首先在"新增命令"页面单击"新增输入参数"按钮，填写相关信息，如图 4-14 所示，单击"确认"按钮；然后在"新增命令"页面单击"新增输出参数"按钮，填写相关信息，如图 4-15 所示，单击"确认"按钮；最后在"新增命令"页面单击"确认"按钮。

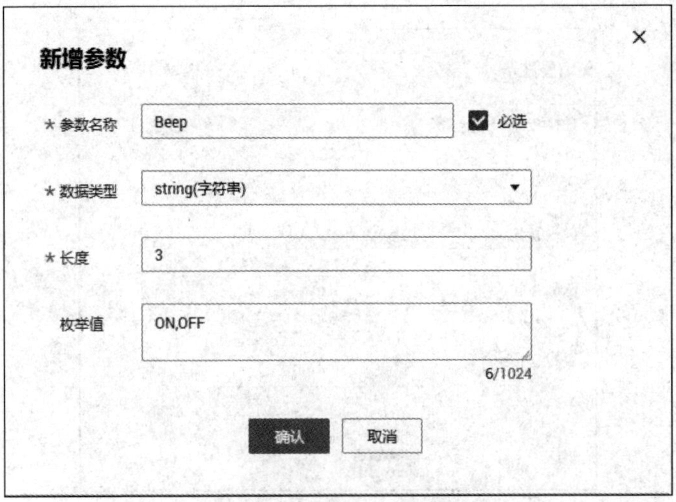

图 4-14 新增输入参数

图4-15　新增输出参数

4. 编解码插件开发

步骤 1　在产品详情的"插件开发"选项卡下选择"图形化开发"选项，并单击"图形化开发"按钮，如图 4-16 所示。

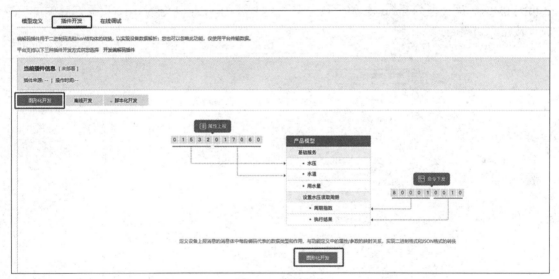

图4-16　插件开发

步骤 2　在"在线开发插件"区域单击"新增消息"按钮，如图 4-17 所示。

图4-17　单击"新增消息"按钮

步骤 3　新增消息 Smoke，如图 4-18 所示。

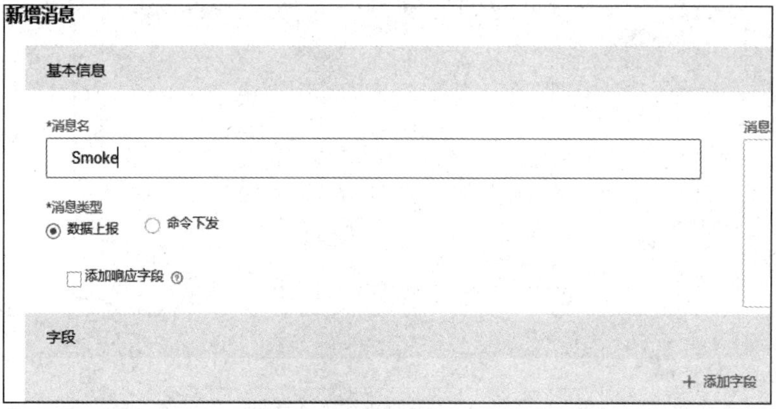

图 4-18   新增消息 Smoke

配置示例：

● 消息名：Smoke。

● 消息类型：数据上报。

①在"新增消息"页面，单击"添加字段"按钮。

②在"编辑字段"页面，勾选"标记为地址域"复选框，添加地址域字段 messageId，默认值为 0x8，数据类型为 int8u（8 位无符号整型），长度为 1，偏移值为 0-1，设置好后单击"完成"按钮，如图 4-19 所示。

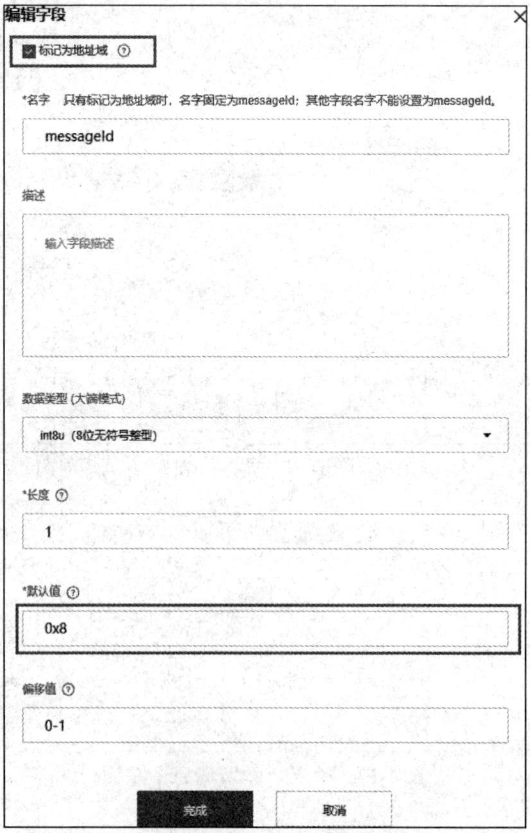

图 4-19   添加地址域字段 messageId

③采用同样的方法添加 Smoke_Value 字段，填写相关信息后单击"确认"按钮，如图 4-20 所示。

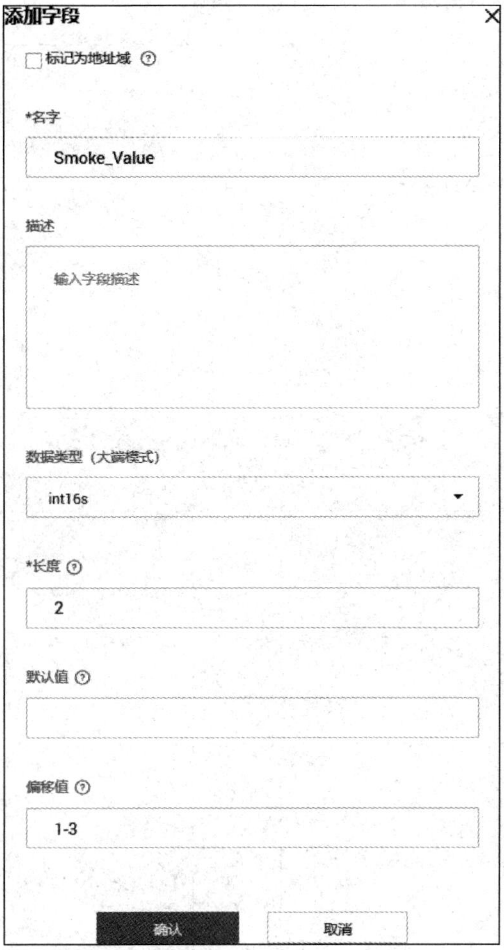

图 4-20 添加 Smoke_Value 字段

配置示例：

- 名字：Smoke_Value。
- 数据类型：int16s。
- 长度：2。

④在"新增消息"页面，单击"确认"按钮，完成消息 Smoke_Value 的配置。

步骤 4 新增消息 Smoke_Control_Beep，如图 4-21 所示。

配置示例：

- 消息名：Smoke_Control_Beep。
- 消息类型：命令下发。
- 添加响应字段：是。

①在"新增消息"页面，单击"添加字段"按钮；在"编辑字段"页面，勾选"标记为地址域"复选框，添加地址域字段 messageId，默认值为 0x9，数据类型为 int8u（8 位无符号整型），长度为 1，偏移值为 0-1，设置好后单击"完成"按钮，如图 4-22 所示。

②在"新增消息"页面，单击"添加字段"按钮；在"添加字段"页面，勾选"标记为响应标识字段"复选框，添加响应标识字段 mid，数据类型选择 int16u（16 位无符号整型），长度为 2，偏移值为 1-3，设置好后单击"确认"按钮，如图 4-23 所示。

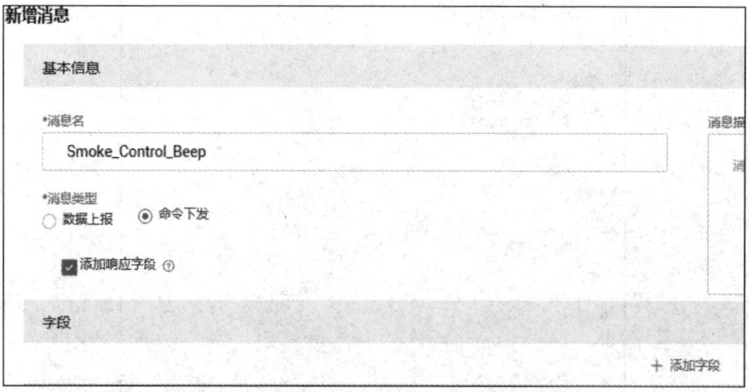

图 4-21   新增消息 Smoke_Control_Beep

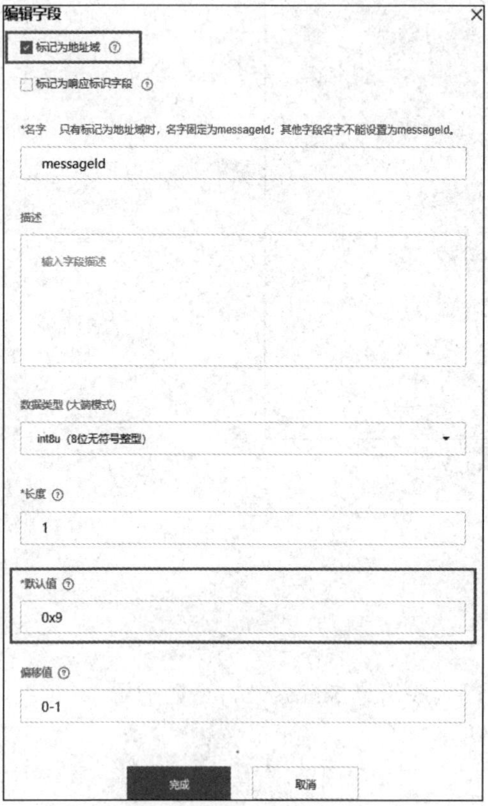

图 4-22   添加地址域字段   图 4-23   添加响应标识字段 mid

③在"新增消息"页面，单击"添加字段"按钮，填写相关信息，单击"确认"按钮，如图 4-24 所示。

配置示例：

● 名字：Beep。

- 数据类型：string。
- 长度：3。

④在"新增消息"页面，勾选"添加响应字段"复选框；在"编辑字段"页面，勾选"标记为地址域"复选框，添加地址域字段 messageId，默认值为 0xa，数据类型选择 int8u（8 位无符号整型），长度为 1，设置好后单击"完成"按钮，如图 4-25 所示。

| 图 4-24　添加 Beep 字段 | 图 4-25　添加地址域字段 messageId |

⑤在"新增消息"页面，勾选"添加响应字段"复选框，在"添加字段"页面，勾选"标记为响应标识字段"复选框，添加响应标识字段 mid，数据类型为 int16u（16 位无符号整型），长度为 2，偏移值为 1-3，设置好后单击"确认"按钮，如图 4-26 所示。

⑥在"新增消息"页面，勾选"添加响应字段"复选框；在"添加字段"页面，勾选"标记为命令执行状态字段"，添加命令执行状态字段 errcode，数据类型为 int8u，长度为 1，偏移值为 3-4，设置好后单击"确认"按钮，如图 4-27 所示。

⑦在"新增消息"页面，勾选"添加响应字段"复选框，填写相关信息，单击"确认"按钮，如图 4-28 所示。

配置示例：
- 名字：Beep_State。
- 数据类型：int8u。
- 长度：1。

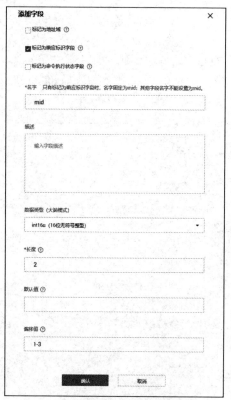

图 4-26　添加响应标识字段 mid

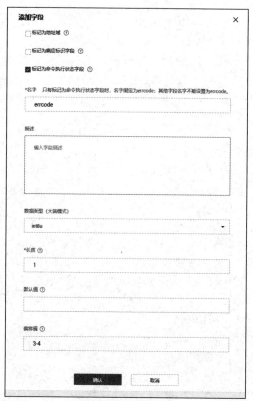

图 4-27　添加命令执行状态字段 errcode

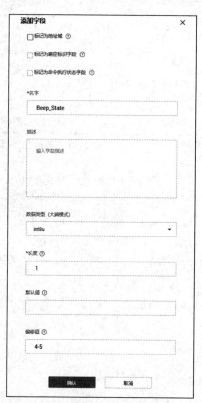

图 4-28　添加 Beep_State 字段

⑧在"新增消息"页面，单击"确认"按钮，完成消息 Smoke_Control_Beep 的配置。

步骤 5 拖动右侧"设备模型"区域中的属性字段、命令字段和响应字段，分别与数据上报消息、命令下发消息和命令响应消息的相应字段建立映射关系，如图 4-29 所示。

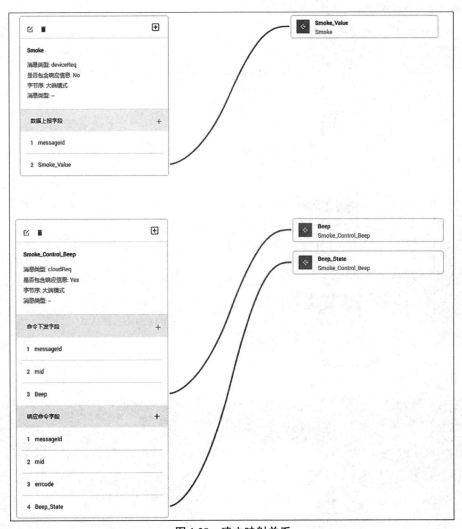

图 4-29 建立映射关系

步骤 6 单击"保存"按钮，并在插件保存成功后单击"部署"按钮，将编解码插件部署到华为 IoT Studio 平台上，如图 4-30 所示。

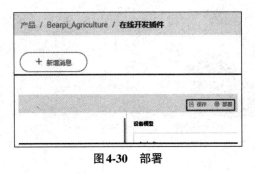

图 4-30 部署

步骤 7 在"在线调试"选项卡下单击"新增测试设备"按钮，填写相关信息，如图 4-31 所示。

配置示例：

● 设备名称：TEST（自定义即可）。

● 设备标识码：该设备的 IMEI 号（此处为 863434047673535），可在设备上查看，如图 4-32 所示。

图4-31 新增测试设备

图4-32 查看IMEI号

5. 设备开发

请参考 3.4 节进行实训开发板的程序开发。

6. 应用开发

回到华为"IoT Studio"页面，选择"Web 在线开发"选项，单击之前创建好的应用，如图 4-33 所示。

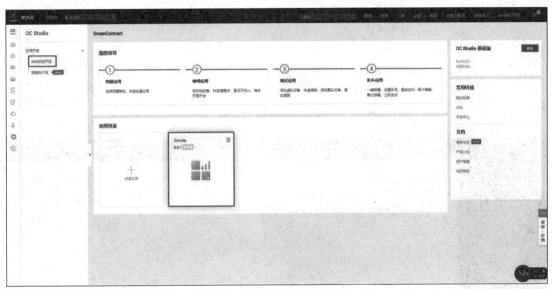

图 4-33　Web 应用开发

步骤 1　在"开发应用"页面，单击"开发应用"按钮，如图 4-34 所示。

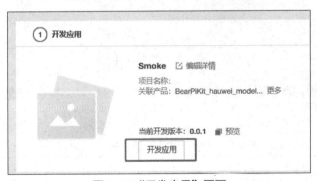

图 4-34　"开发应用"页面

　步骤 2　将鼠标指针移至"自定义页面 1"上，在弹出的列表中选择"修改"选项，修改页面信息。在弹出的页面中，修改菜单名称为烟感管理，其他保持默认设置，单击"确定"按钮，如图 4-35 所示。

　步骤 3　进入"烟感管理"页面，设计页面组件布局。

①拖动 1 个"选择设备"组件、2 个"设备监控"组件和 1 个"命令下发"组件到页面中，并按如图 4-36 所示的布局摆放。

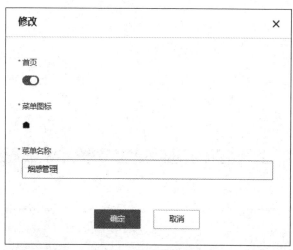

图 4-35　修改菜单名称

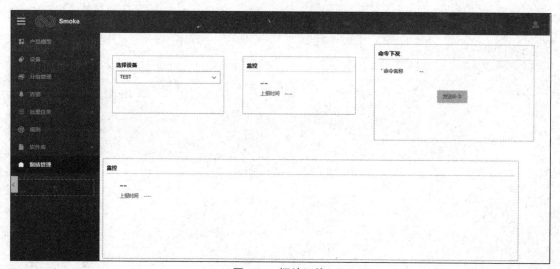

图 4-36　摆放组件

②分别单击页面中的 2 个"监控"组件，在右侧的配置面板中设置组件的样式，具体如表 4-2 所示。

表 4-2　2 个"监控"组件的样式设置

标题	显示类型	样式
烟雾浓度监控	简易	保持默认设置
烟雾浓度变化	图表	保持默认设置

③分别单击页面中的 2 个"监控"组件，在右侧的配置面板中设置组件的数据源。因为这 2 个"监控"组件都是用于监控环境的烟雾浓度的，只是显示方式不同，所以此处的参数设置一样，如图 4-37 所示。

配置示例：

● 产品：选择已创建的产品 Bearpi_Smoke。

- 服务：Smoke。
- 属性：Smoke_Value。

④单击页面中的"命令下发"组件，在右侧的配置面板中设置对应功能的属性参数。此处以"报警控制"为例，如图4-38所示。

图4-37　设置"监控"组件的数据源

图4-38　设置"命令下发"组件相应的参数

步骤4　此时，"烟感管理"页面构建完成，单击右上角的"保存"按钮，并单击"预览"按钮，查看应用页面效果，如图4-39所示。

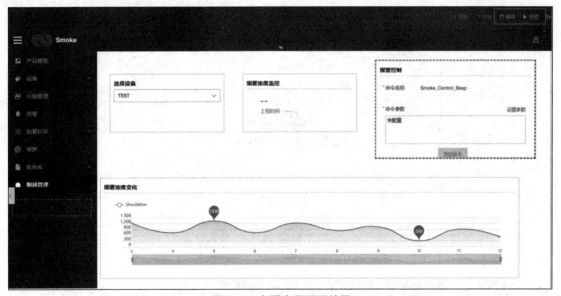

图4-39　查看应用页面效果

7. 实训结果

使用已经烧录程序的实训开发板和构建完成的应用系统进行智慧烟感业务功能的调试。

1）监控数据

给实训开发板上电，在"烟感管理"页面可以观察烟雾浓度数据，如图4-40所示。

2）手动控制

选择"烟感管理"→"报警控制"选项，单击"设置参数"按钮，在"命令参数"文本框中输入"Beep:ON",单击"发送命令"按钮,如图 4-41 所示。

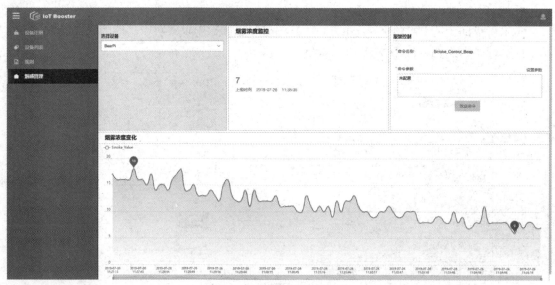

图4-40 观察烟雾浓度数据

报警控制

*命令名称　　　Smoke_Control_Beep

*命令参数　　　　　　　　　　　　　　　　设置参数

Beep: ON

发送命令

图4-41 发送开启报警命令

此时,E53-SF1 案例扩展板上的蜂鸣器会发出报警声,关闭报警命令与开启报警命令的操作步骤一样,差别是在"命令参数"文本框中输入"Beep:OFF"。

3)设置自动报警规则

步骤 1 新建两条规则,分别用于控制蜂鸣器在不同条件下的开和关。选择"规则"选项,单击"创建规则组"按钮,如图 4-42 所示。

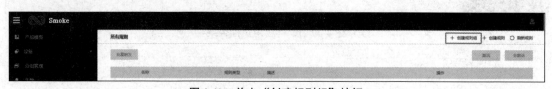

图4-42 单击"创建规则组"按钮

步骤 2 在"名称"文本框中填写规则组的名称(自定义),如 Beep,如图 4-43 所示。创建好后,可以发现"所有规则"列表中多了一个 Beep 规则组,选中 Beep 规则组前的复选框,单击右上角的"创建规则"按钮,选择"设备联动规则"类型,如图 4-44 所示。

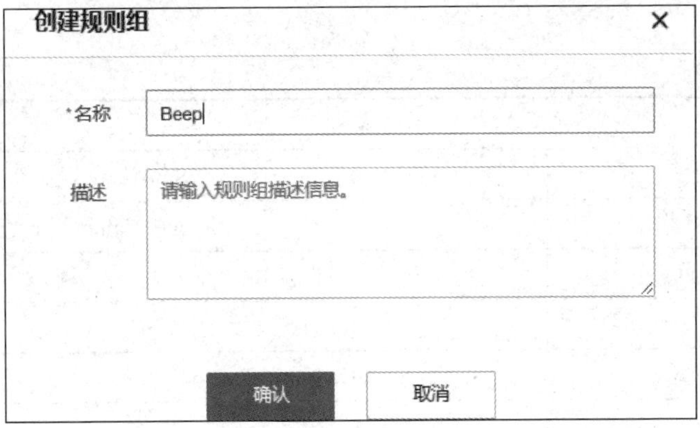

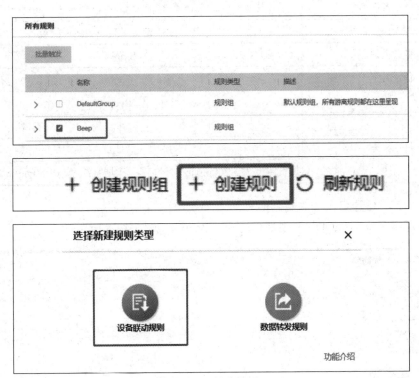

图 4-43 创建规则组

图 4-44 创建规则

步骤 3 在"创建规则"页面，分别填写开启、关闭报警规则信息，如表 4-3 所示。

表 4-3 开启、关闭报警规则信息

参数	开	关
规则名称	Beep_ON	Beep _OFF
条件		
条件类型	设备	
选择设备模型	选择"产品"列表中已创建的产品	

续表

条件		
服务类型	Smoke	
属性名称	Smoke_Value	
操作	>	<
值	200	50
动作		
动作类型	设备	
选择设备模型	选择"产品"列表中已创建的产品	
单击选择设备	选择"注册设备"列表中新增的设备	
服务类型	Smoke	
命令名字	Smoke_Control_Beep	
参数	Beep	
值	ON	OFF
命令状态	启用	
描述	烟雾浓度大于200mg/m³时开启报警	烟雾浓度小于50mg/m³时关闭报警

参照表 4-3 填写开启报警的规则信息。

①填写规则名称 Beep_ON，规则组选择"Beep"，如图 4-45 所示。

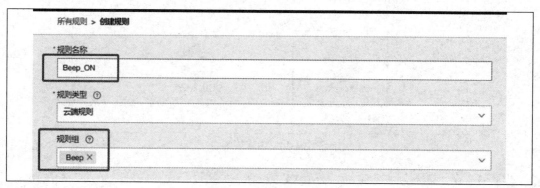

图4-45 填写规则名称

②设置开启报警规则的条件。在"条件"模块单击"设备行为"行右侧的"添加"按钮，如图 4-46 所示。

图4-46 添加条件

③按照表 4-3 中开启报警规则的条件参数填写条件信息，如图 4-47 所示。

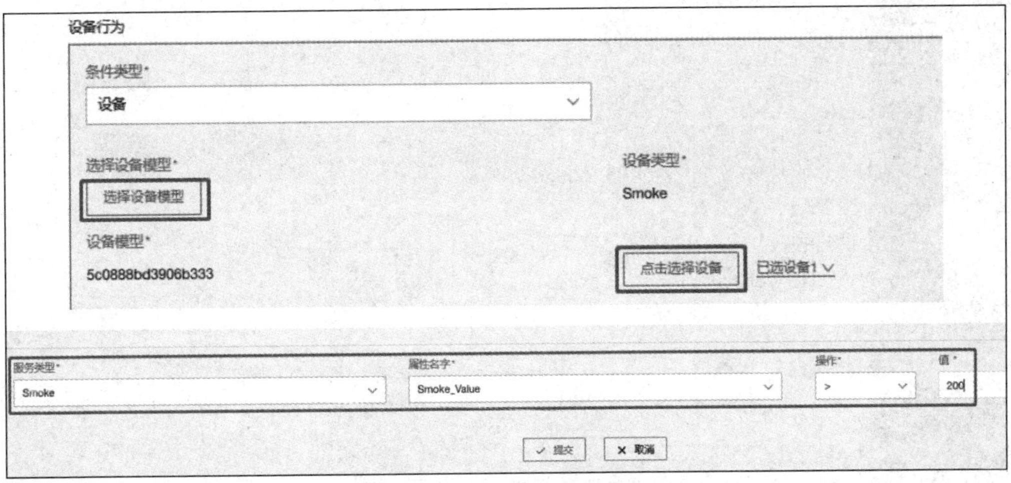

图 4-47　填写条件信息

④设置开启报警规则的动作。在"动作"模块单击"设备行为"行右侧的"添加"按钮，如图 4-48 所示。

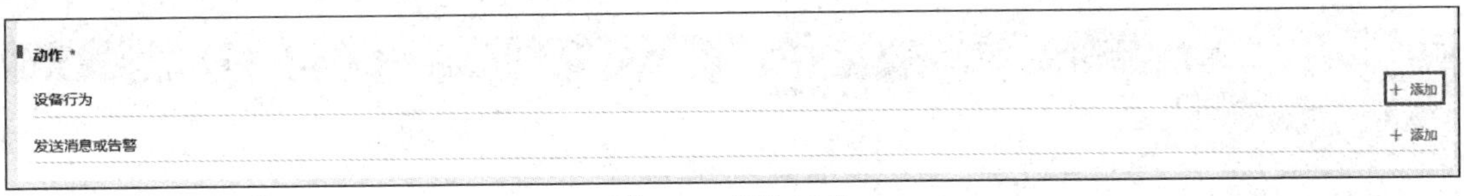

图 4-48　添加动作

⑤按照表 4-3 中开启报警规则的动作参数填写动作信息，如图 4-49 所示。

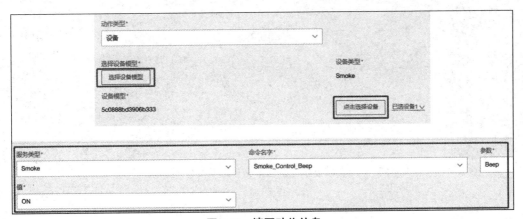

图 4-49　填写动作信息

⑥单击"提交"按钮，开启报警规则创建完成。关闭报警规则的创建操作与开启报警规则的创建操作一样，只是规则名称、条件的取值和动作执行不同。

步骤 4　测试自动开启/关闭报警功能。

①用烟雾烟感传感器（E53_SF1），使烟雾浓度>200mg/m^3，查看"烟感管理"页面中烟雾浓度监控数值（见图 4-50）和蜂鸣器，当烟雾浓度>200mg/m^3 时，蜂鸣器应该自动发出报警声。

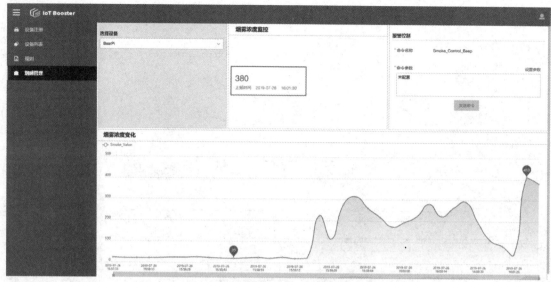

图4-50　烟雾浓度监控数值变化（烟雾浓度>200mg/m³）

　　②将实训开发板移至通风处，查看"烟感管理"页面中烟雾浓度监控数值（见图4-51）和蜂鸣器，当烟雾浓度<50mg/m³时，蜂鸣器应该自动关闭。

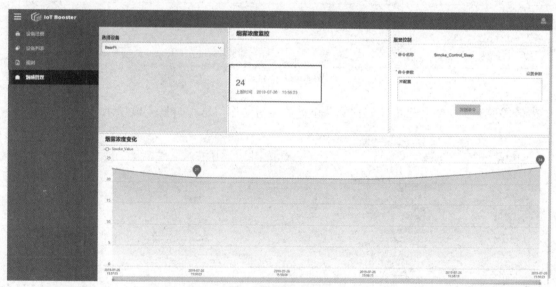

图4-51　烟雾浓度监控数值变化（烟雾浓度<50mg/m³）

第 5 章 智慧交通——照明灯光实训

5.1 实训说明

1. 实训介绍

智慧灯光是城市智能化道路上的重要一环，智慧灯光的实施具有节约公共照明能耗、减少因照明引起的交通事故等多重社会意义。路灯是人们在日常生活中可以强烈感知到的公共设施，人们更易理解其智能化的场景。本实训基于华为一站式开发工具平台——开发中心，从设备、平台到应用，端到端地构建一款智慧路灯解决方案样例，可以加深学生对智能路灯操作的理解。同时，本实训中会着重介绍接线操作和代码编写、编译和烧录方面的内容，从而提升学生的实操能力，以及基于智能路灯控制开发的能力。

2. 实训目的

完成本实训后，学生应具备以下能力。

- 掌握智慧灯光控制电路原理。
- 掌握嵌入式 STM32 芯片 GPIO 总线通信相关的基本操作。
- 熟悉业务数据与 OC 平台交互的相关操作。

3. 预备知识

在进行本实训前，要求学生完成以下理论知识的学习。

- 智能路灯的工作原理。
- STM32 芯片 GPIO 总线通信机制。
- NB-IoT 通信原理。
- 开发板：实训开发板（含 NB 卡、NB35-A 通信扩展板、E53_SC1 案例扩展板等）。
- IDE：IoT Studio（安装资料包中的版本）。
- 平台：华为一站式开发工具平台——开发中心。

4. 操作规范

- 遵守实验室设备电气性能要求。
- 遵守实验室 5S 要求。
- 做好实验设备静电防护工作。
- 实训过程严格按照实训操作步骤进行。

5.2 实训环境准备

1. 实训开发环境

本实训开发环境及设备如表 5-1 所示。

表 5-1 实训开发环境及设备

序号	名称	版本/具体说明
1	操作系统	Windows 7/8/10
2	编译环境	华为 IoT Studio
3	开发板	实训开发板

2. 硬件连接

连接好 E53_SC1 案例扩展板和 NB35-A 通信扩展板。其中，NB35-A 通信扩展板需要安装 SIM 卡，并注意 SIM 卡的缺口朝外插入。将串口选择开关拨到 MCU 模式处，并用 USB 线将实训开发板与计算机连接起来，如图 5-1 所示。

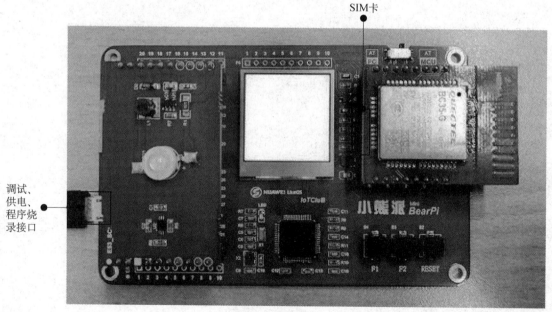

图 5-1 硬件连接

3. 实训流程

智慧灯光案例开发的整体流程如图 5-2 所示。

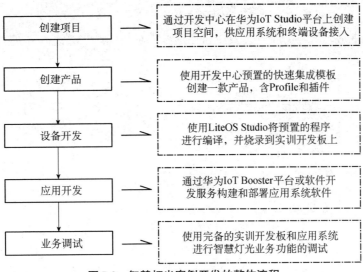

图 5-2　智慧灯光案例开发的整体流程

5.3　实训任务

1. 创建项目

在开发前，开发人员需要基于行业属性创建一个独立的资源空间。在该资源空间内，开发人员可以开发相应的物联网产品和应用。

步骤 1　使用华为云账号登录物联网应用构建器，如图 5-3 所示。

图 5-3　登录物联网应用构建器

步骤 2　单击右下角的"创建项目"按钮，填写项目名称（这里的项目名称为

OceanConnect），单击"确定"按钮，如图 5-4 所示。

步骤 3 创建完成后，页面中会生成自己建好的项目，单击"进入开发"按钮，如图 5-5 所示。

图5-4 创建项目

图5-5 单击"进入开发"按钮

步骤 4 进入"IoT Studio"页面，单击"创建应用"按钮，填写参数后单击"确定"按钮，如图 5-6 所示。这里的应用名称为 StreetLight。

图5-6 创建应用

2. 创建产品

步骤 1 使用华为云账号登录华为一站式开发工具平台——开发中心，单击设备接入，选择页面左侧的"产品"选项，单击右上角的下拉按钮，选择新建产品所属的资源空间，如图 5-7 所示。

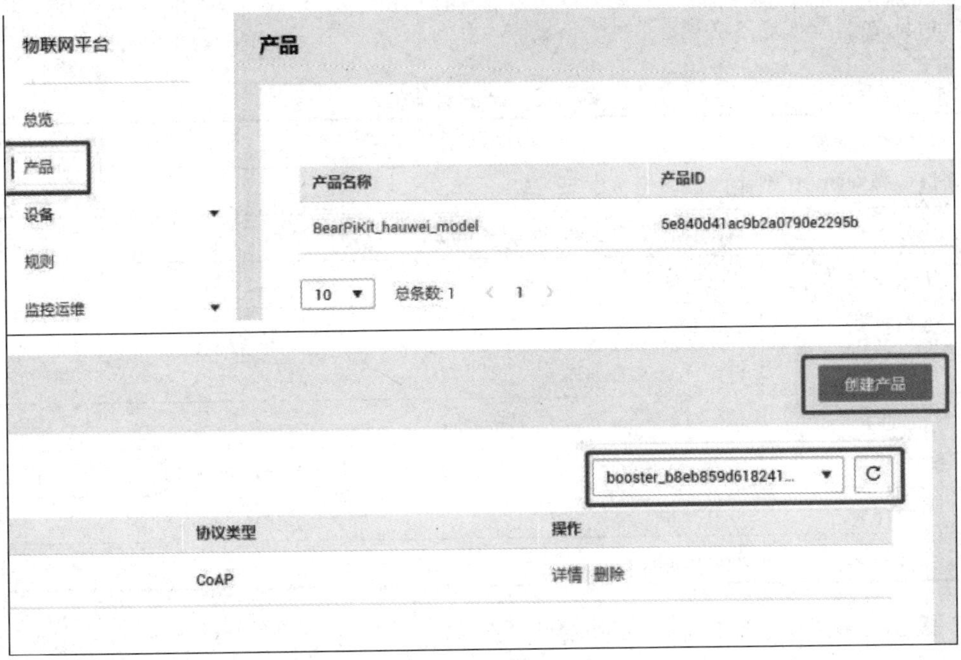

图5-7 创建产品

步骤 2 单击图 5-7 右上角的"创建产品"按钮，创建一个基于 CoAP 协议的产品，填写参数（见图 5-8）后单击"立即创建"按钮。

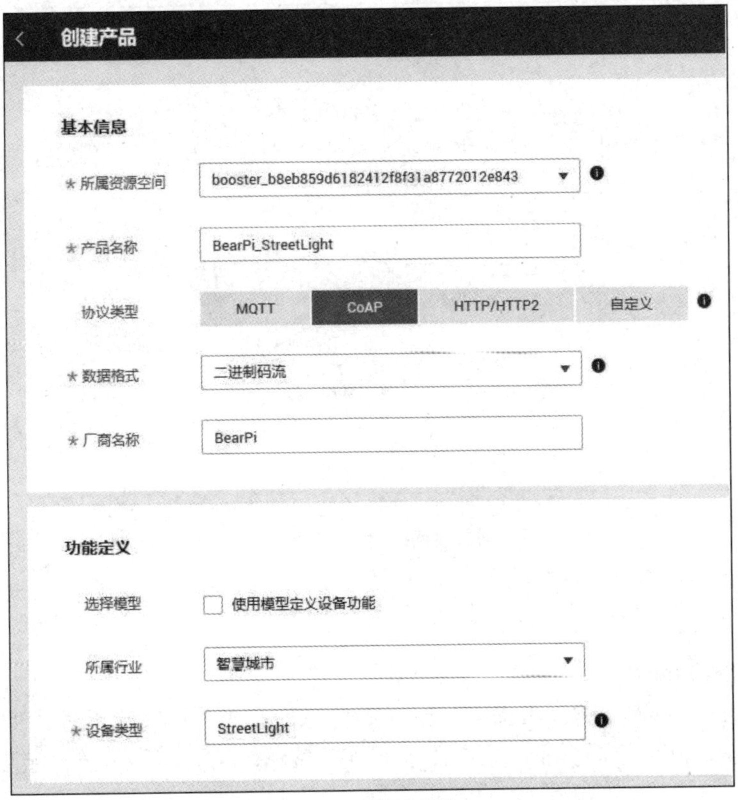

图5-8 填写参数

产品具体信息如表 5-2 所示。

表 5-2　产品具体信息

基本信息	
所属资源空间	创建资源所需空间
产品名称	自定义，如 BearPi_Street Light
协议类型	CoAP 协议
数据格式	二进制码流
厂商名称	自定义，如 BearPi
功能定义	
选择模型	华为 IoT Studio 平台提供了 3 种创建模型的方法，此处使用自定义功能
所属行业	智慧城市
设备类型	StreetLight

步骤 3　产品创建完成后，可以发现"产品"列表中多了"BearPi_StreetLight"产品，如图 5-9 所示，单击"详情"按钮，出现"Profile 定义"页面。

产品名称	产品ID	设备类型	协议类型	操作
BearPi_StreetLight	5e841477eb34e909eb1da1a2	StreetLight	CoAP	详情 删除
BearPiKit_hauwei_model	5e840d41ac9b2a0790e2295b	BearPiKit	CoAP	详情 删除

图 5-9　"产品"列表

3. Profile 定义

在"模型定义"选项卡下，单击"自定义模型"按钮，配置产品服务，如图 5-10 所示。

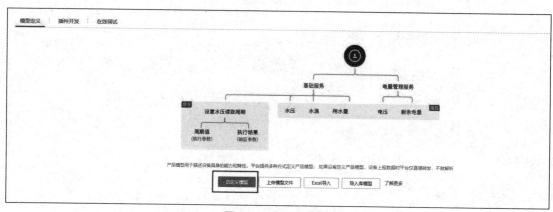

图 5-10　自定义模型

1）新增服务 Button

步骤 1　进入"新增服务"页面，填写相关信息后单击"确认"按钮，如图 5-11 所示。

步骤 2　在"Button"服务下单击"添加属性"按钮，填写相关信息，如图 5-12 所示，单击"确认"按钮。

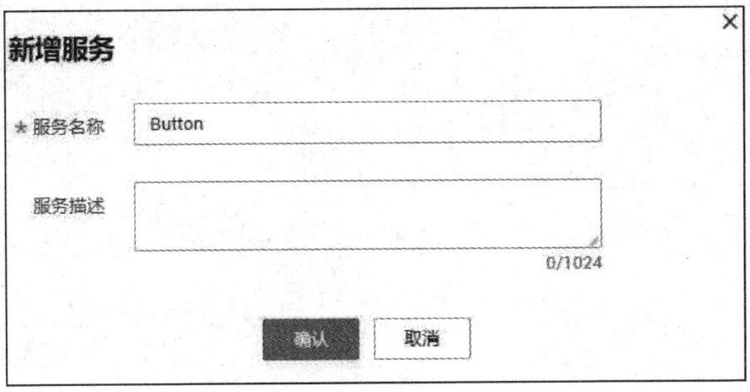

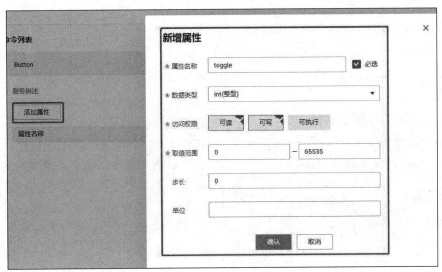

图 5-11　新增服务 Button

图 5-12　新增属性 toggle

2）新增服务 LED

步骤 1　在"功能定义"选项卡下单击"添加服务"按钮，填写相关信息，如图 5-13 所示，单击"确认"按钮。

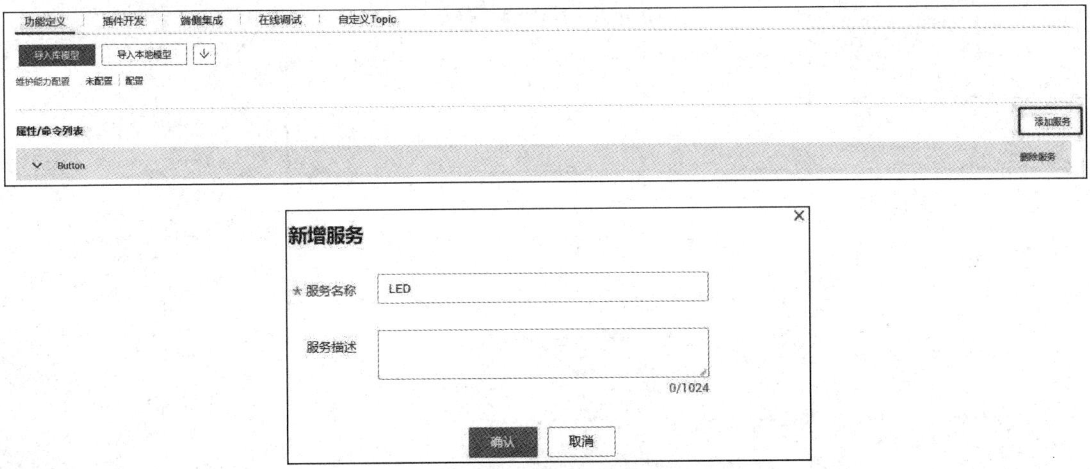

图 5-13　新增服务 LED

步骤 2　在"LED"服务下单击"添加命令"按钮，填写相关信息，如图 5-14 所示。

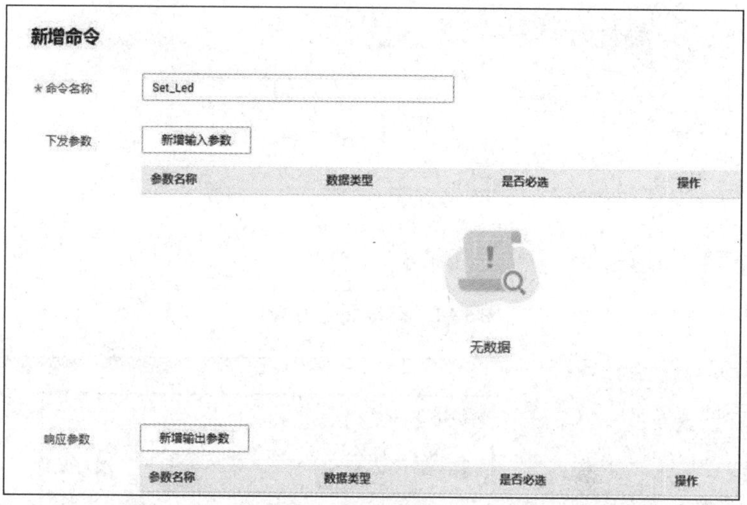

图 5-14　新增命令 Set_ Led

步骤 3　首先在"新增命令"页面中单击"新增输入参数"按钮，填写相关信息，如图 5-15 所示，单击"确认"按钮；然后在"新增命令"页面中单击"新增输出参数"按钮，填写相关信息，如图 5-16 所示，单击"确认"按钮；最后在"新增命令"页面中单击"确认"按钮。

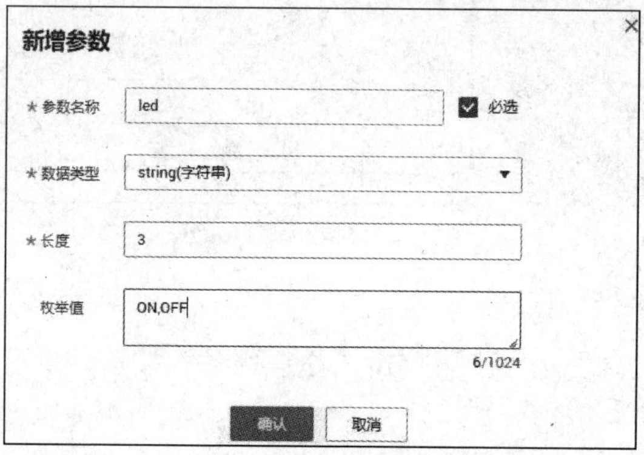

图 5-15　新增输入参数

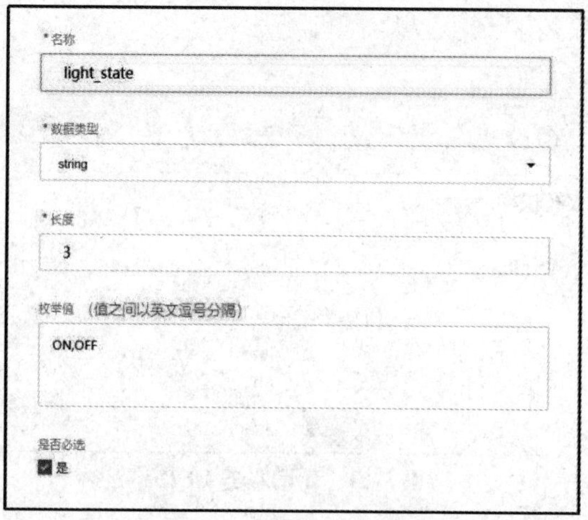

图 5-16　新增输出参数

3）新增服务 Sensor

步骤 1　在"功能定义"选项卡下单击"添加服务"按钮，填写相关信息，如图 5-17 所示，单击"确认"按钮。

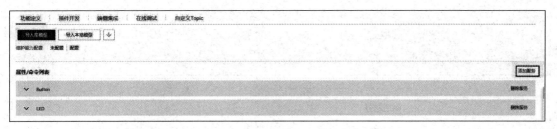

图 5-17　新增服务 Sensor

步骤 2　在"Sensor"服务下单击"添加属性"按钮，填写相关信息，如图 5-18 所示，单击"确认"按钮。

图 5-18　Sensor 的属性

4）新增服务 Connectivity

步骤 1　在"功能定义"选项卡下单击"添加服务"按钮，填写相关信息，如图 5-19 所示，单击"确认"按钮。

步骤 2　在"Connectivity"服务下单击"添加属性"按钮，填写相关信息。这里添加 SignalPower、ECL、SNR、CellID 四个属性，分别如图 5-20～图 5-23 所示。

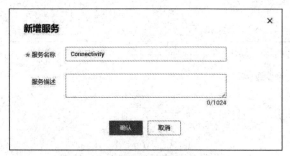

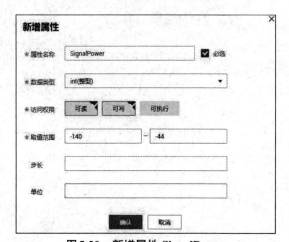

图 5-19   新增服务 Connectivity

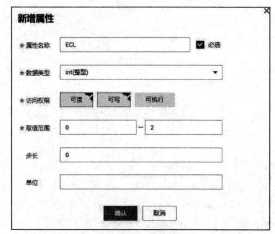

图 5-20   新增属性 SignalPower

图 5-21   新增属性 ECL

图5-22　新增属性 SNR

图5-23　新增属性 CellID

4. 编解码插件开发

步骤 1　在产品详情的"插件开发"选项卡下选择"图形化开发"选项，并单击"图形化开发"按钮，如图 5-24 所示。

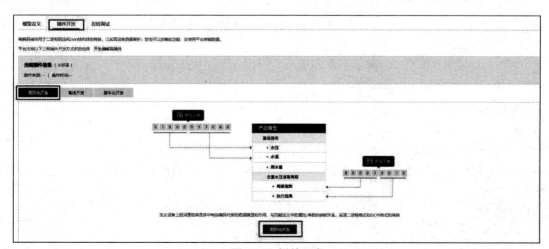

图5-24　插件开发

步骤 2 在"在线开发插件"区域单击"新增消息"按钮,如图 5-25 所示。

图 5-25 单击"新增消息"按钮

步骤 3 新增消息 Report_Connectivity,如图 5-26 所示。

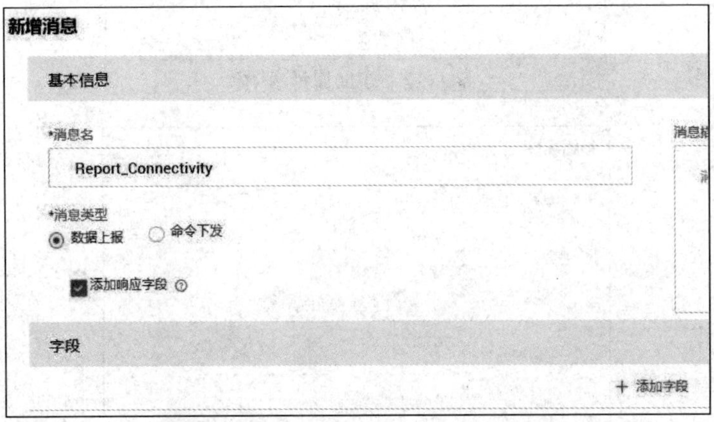

图5-26 新增消息 Report_Connectivity

配置示例:
- 消息名:Report_Connectivity。
- 消息类型:数据上报。
- 添加响应字段:是。
- 响应数据:AAAA0000(默认)。

①在"新增消息"页面,单击"添加字段"按钮。

②在"添加字段"页面,勾选"标记为地址域"复选框,添加地址域字段 messageId,数据类型为 int8u,长度为 1,默认值为 0x0,偏移值为 0-1,设置好后单击"确认"按钮,如图 5-27 所示。

③在"新增消息"页面,单击"添加字段"按钮,填写相关信息后单击"完成"按钮,如图 5-28 所示。

配置示例:
- 名字:SignalPower。
- 数据类型:int16s(16 位有符号整型)。

④在"新增消息"页面,单击"添加字段"按钮,填写相关信息后单击"完成"按钮,如图 5-29 所示。

配置示例:
- 名字:ECL。
- 数据类型:int16s(16 位有符号整型)。

图 5-27　添加地址域字段 messageId

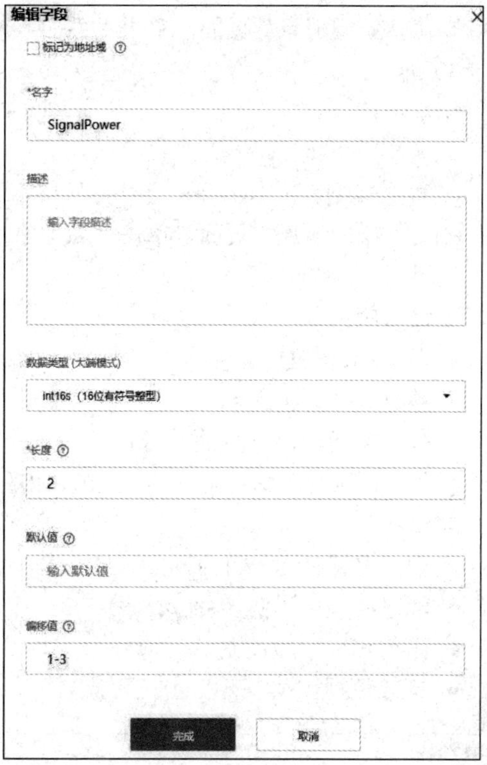

图 5-28　添加 SignalPower 字段

图 5-29　添加 ECL 字段

⑤在"新增消息"页面，单击"添加字段"按钮，填写相关信息后单击"完成"按钮，如图 5-30 所示。

配置示例：

● 名字：SNR。

● 数据类型：int16s（16 位有符号整型）。

⑥在"新增消息"页面，单击"添加字段"按钮，填写相关信息后单击"确认"按钮，如图 5-31 所示。

配置示例：

● 名字：CellID。

● 数据类型：int32s。

⑦在"新增消息"页面，单击"确认"按钮，完成消息 Report_Connectivity 的配置。

步骤 4 新增消息 Report_Toggle，如图 5-32 所示。

配置示例：

● 消息名：Report_Toggle。

● 消息类型：数据上报。

● 添加响应字段：是。

● 响应数据：AAAA0000（默认）。

图 5-30 添加 SNR 字段　　　图 5-31 添加 CellID 字段

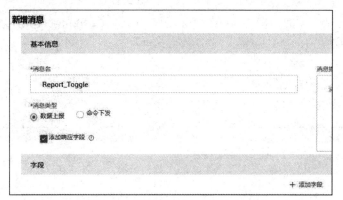

图 5-32　新增消息 Report_Toggle

①在"新增消息"页面，单击"添加字段"按钮；在"添加字段"页面，勾选"标记为地址域"复选框，添加地址域字段 messageId，数据类型为 int8u，长度为 1，默认值为 0x1，偏移值为 0-1，设置好后单击"确认"按钮，如图 5-33 所示。

②在"新增消息"页面，单击"添加字段"按钮，填写相关信息后单击"确认"按钮，如图 5-34 所示。

配置示例：

- 名字：toggle。
- 数据类型：int16u。

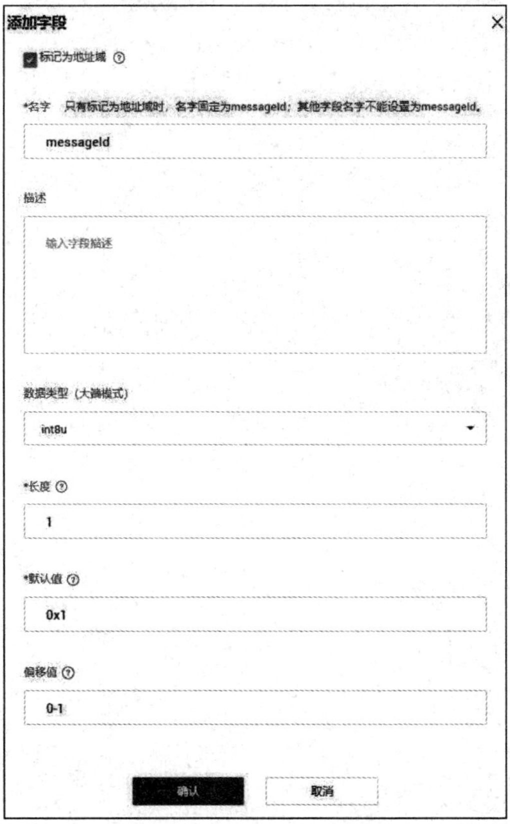

图 5-33　添加地址域字段 messageId 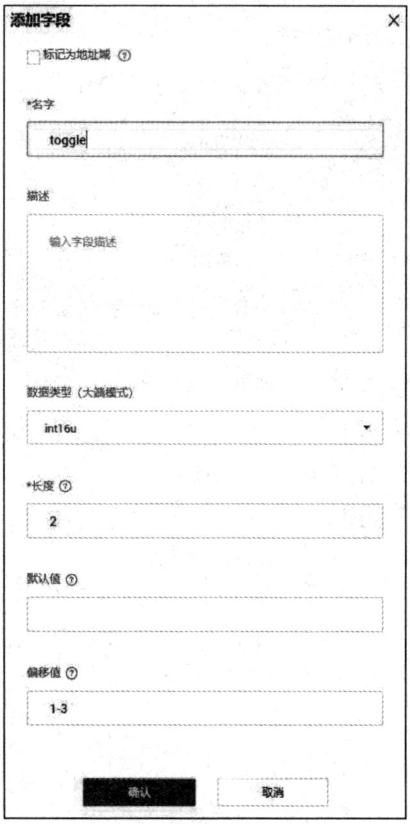　　　　**图 5-34　添加 toggle 字段**

③在"新增消息"页面,单击"确认"按钮,完成消息 Report_Toggle 的配置。

步骤5 新增消息 Report_Sensor,如图 5-35 所示。

配置示例:

● 消息名:Report_Sensor。

● 消息类型:数据上报。

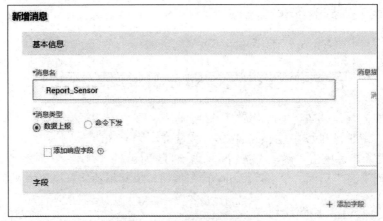

图 5-35 新增消息 Report_Sensor

①在"新增消息"页面,单击"添加字段"按钮;在"添加字段"页面,勾选"标记为地址域"复选框,添加地址域字段 messageId,数据类型为 int8u,长度为 1,默认值为 0x2,偏移值为 0-1,设置好后单击"确认"按钮,如图 5-36 所示。

②在"新增消息"页面,单击"添加字段"按钮,填写相关信息,单击"确认"按钮,如图 5-37 所示。

配置示例:

● 名字:data。

● 数据类型:int16u。

● 长度:2。

③在"新增消息"页面,单击"确认"按钮,完成消息 Report_Sensor 的配置。

步骤6 新增消息 Set_Led,如图 5-38 所示。

配置示例:

● 消息名:Set_Led。

● 消息类型:命令下发。

● 添加响应字段:是。

①在"新增消息"页面,单击"添加字段"按钮;在"添加字段"页面,勾选"标记为地址域"复选框,添加地址域字段 messageId,数据类型为 int8u,长度为 1,默认值为 0x3,偏移值为 0-1,设置好后单击"确认"按钮,如图 5-39 所示。

②在"新增消息"页面,单击"添加字段"按钮;在"添加字段"页面,勾选"标记为响应标识字段"复选框,添加响应标识字段 mid,数据类型为 int16u(16 位无符号整型),长度为 2,偏移值为 1-3,设置好后单击"确认"按钮,添加响应标识字段 mid,如图 5-40 所示。

③在"新增消息"页面,单击"添加字段"按钮,填写相关信息后单击"完成"按钮,如

图 5-41 所示。

配置示例：

- 名字：led。
- 数据类型：string（字符串类型）。
- 长度：3。

图 5-36　添加地址域字段 messageId

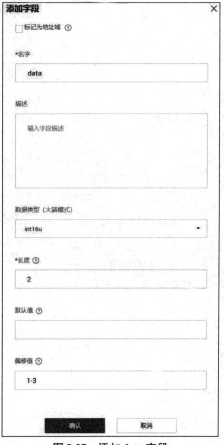

图 5-37　添加 data 字段

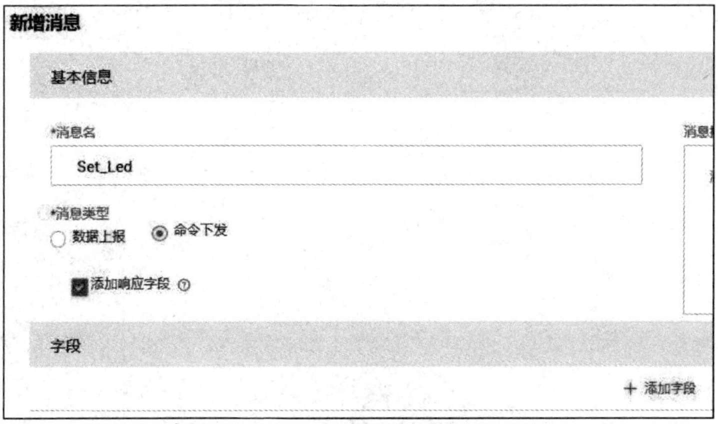

图 5-38　新增消息 Set_Led

图 5-39　添加地址域字段 messageId

图 5-40　添加响应标识字段 mid

图 5-41　新增 led 字段

④在"新增消息"页面，单击"添加响应字段"按钮。

在"添加字段"页面，勾选"标记为地址域"复选框，添加地址域字段 messageId，数据类型为 int8u，长度为 1，默认值为 0x3，偏移值为 0-1，设置好后单击"确认"按钮。

在"添加字段"页面，勾选"标记为响应标识字段"复选框，添加响应标识字段 mid，数据类型为 int16u，长度为 2，偏移值为 1-3，设置好后单击"确认"按钮。

在"添加字段"页面，勾选"标记为命令执行状态字段"复选框，添加命令执行状态字段 errcode，数据类型为 int8u，长度为 1，偏移值为 3-4，设置好后单击"确认"按钮，添加命令执行状态字段 errcode，如图 5-42 所示。

在"新增消息"页面，勾选"添加响应字段"复选框，填写相关信息，单击"完成"按钮，如图 5-43 所示。

配置示例：
- 名字：light_state。
- 数据类型：string（字符串类型）。
- 长度：3。

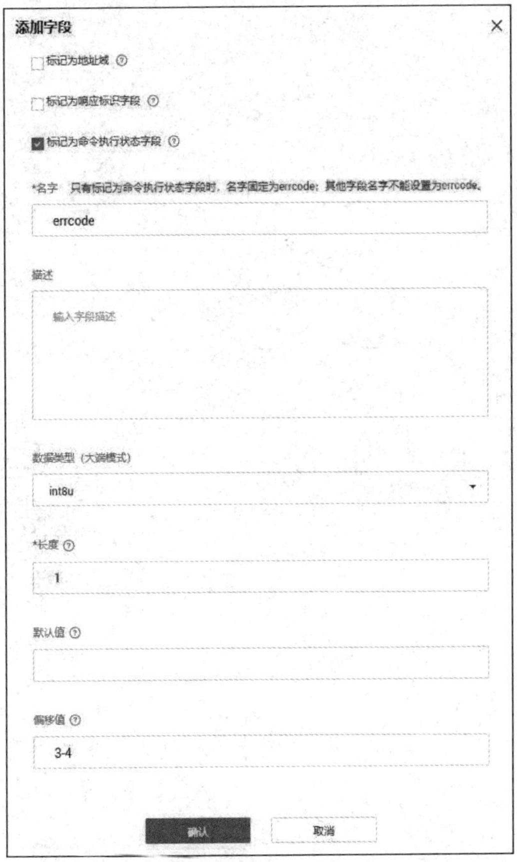

图 5-42　添加命令执行状态字段 errcode

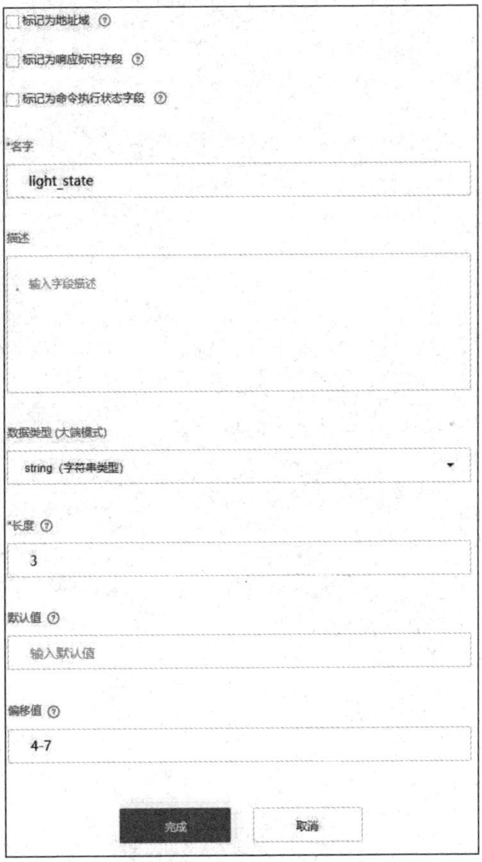

图 5-43　新增 light_state 字段

⑤在"新增消息"页面，单击"确认"按钮，完成消息 Set_Led 的配置。

步骤 7　拖动右侧"设备模型"区域中的属性字段、命令字段和响应字段，分别与数据上报消息、命令下发消息和命令响应消息的相应字段建立映射关系，如图 5-44 所示。

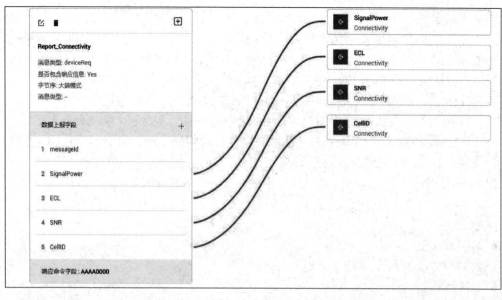

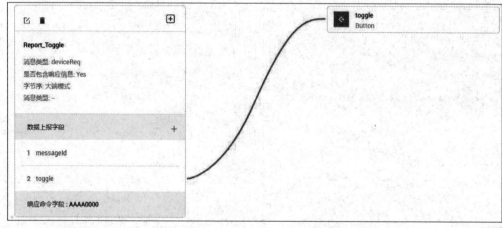

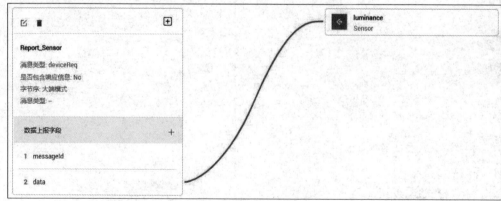

图5-44　建立映射关系

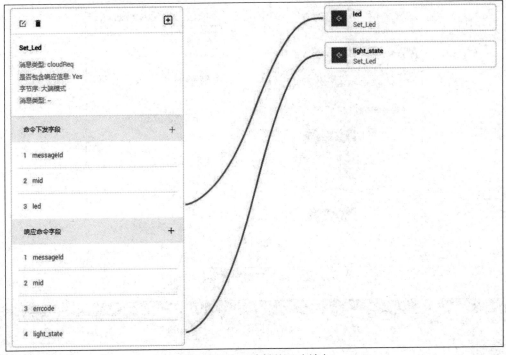

图5-44　建立映射关系（续）

步骤 8　单击"保存"按钮，并在插件保存成功后单击"部署"按钮，将编解码插件部署到华为 IoT Studio 平台上，如图 5-45 所示。

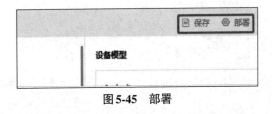

图5-45　部署

步骤 9　在"在线调试"选项卡下单击"新增测试设备"按钮，填写相关信息，如图 5-46 所示。

配置示例：
● 设备名称：TEST（自定义即可）。
● 设备标识码：该设备的 IMEI 号（此处为 863434047673535），可在设备上查看。

5. 设备开发

请参考 3.4 节进行实训开发板的程序开发。

6. 应用开发

步骤 1　回到华为"IoT Studio"页面，选择"Web 在线开发"选项，单击之前创建好的应用，如图 5-47 所示。

步骤 2　在"开发应用"页面，单击"开发应用"按钮，如图 5-48 所示。

图5-46　新增测试设备

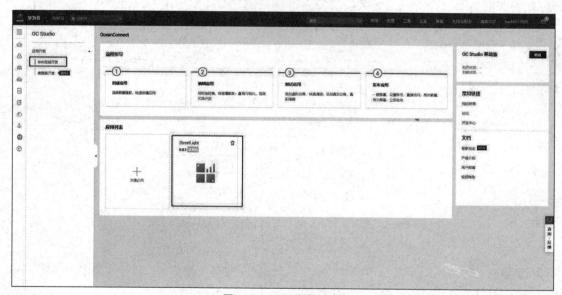

图5-47　Web应用开发

图5-48　"开发应用"页面

步骤 3　将鼠标指针移至"自定义页面 1"上，在弹出的列表中选择"修改"选项，修改页面信息。在弹出的页面中，修改菜单名称为路灯管理，其他保持默认设置，单击"确定"按钮，如图 5-49 所示。

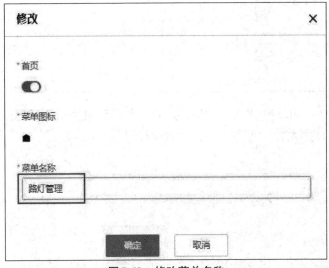

图 5-49　修改菜单名称

步骤 4　进入"路灯管理"页面，设计页面组件布局。

①拖动 1 个"选择设备"组件、2 个"监控"组件和 1 个"命令下发"组件到页面中，并按如图 5-50 所示的布局摆放。

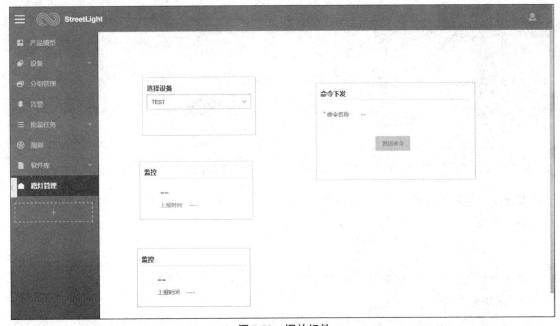

图 5-50　摆放组件

②分别单击页面中的 2 个"监控"组件，在右侧的配置面板中设置组件的样式，具体如表 5-3 所示。

表 5-3 2 个"监控"组件的样式

参数	光强监控	光强变化
标题	光强监控	光强变化
显示类型	简易	图表
样式	保持默认设置	

③分别单击页面中的 2 个"监控"组件，在右侧的配置面板中设置组件的数据源。因为这 2 个"监控"组件都是用于监控路灯的光强的，只是显示方式不同，所以此处参数设置一样，如图 5-51 所示。

配置示例：

● 产品：选择"产品"列表中已创建的产品。

● 服务：Sensor。

● 属性：luminance。

④单击页面中的"命令下发"组件，在右侧的配置面板中设置对应功能的属性参数，如图 5-52 所示。

图 5-51　设置"监控"组件的数据源

图 5-52　设置"命令下发"组件相应的参数

步骤 5　"路灯管理"页面构建完成后，单击右上角的"保存"按钮，并单击"预览"按钮，查看应用页面效果，如图 5-53 所示。

7. 实训结果

使用已经烧录程序的实训开发板和构建完成的应用系统进行智慧灯光业务功能的调试。

1）观察光照参数

单击"预览"按钮后可以查看设备的参数，把设备放到明暗程度不同的环境下，观察其光强参数的变化，如图 5-54 所示。

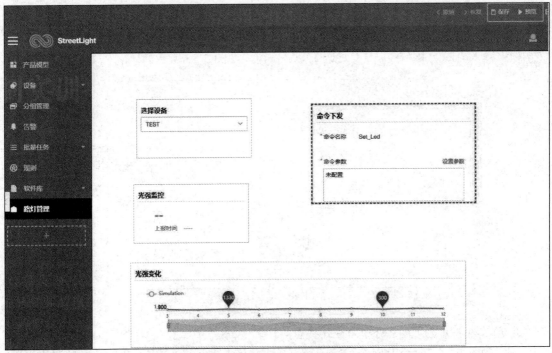

图5-53　查看应用页面效果

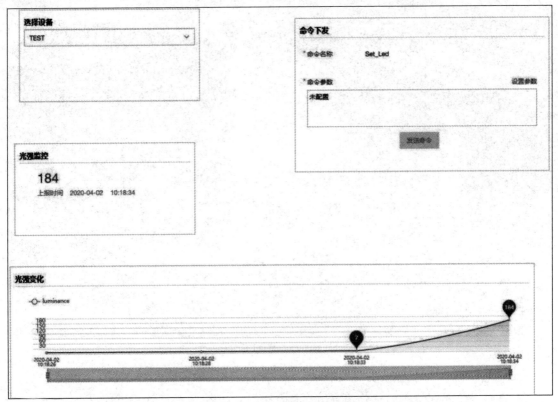

图5-54　观察光强参数的变化

2）手动开、关灯

在"路灯管理"页面，选择"命令下发"组件，单击"设置参数"按钮，在"命令参数"文本框中输入"led: ON"，单击"发送命令"按钮，如图5-55所示。

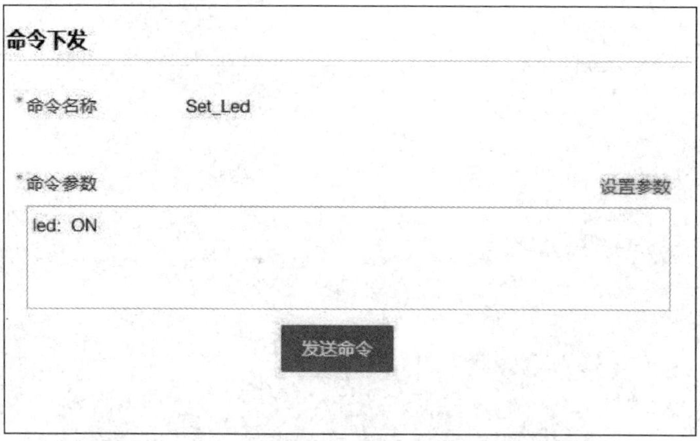

命令下发

* 命令名称   Set_Led

* 命令参数   设置参数

led: ON

发送命令

图5-55　命令下发

此时，实训开发板的照明灯为打开状态，如图5-56所示。

关灯命令与开灯命令的操作步骤一样，差别仅在于"命令参数"文本框中输入的是"led: OFF"。

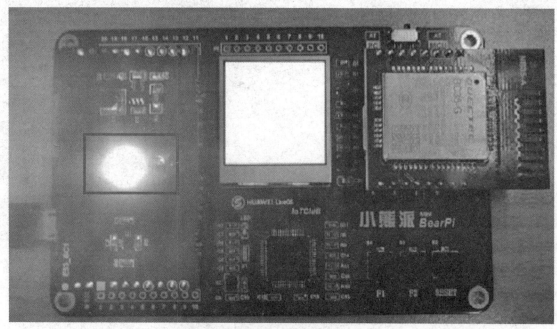

图5-56　灯打开

3）设置自动开、关灯规则

步骤1　新建两条规则，分别用于控制照明灯在不同条件下的开和关。选择"规则"选项，单击"创建规则组"按钮，如图5-57所示。

图5-57 单击"创建规则组"按钮

步骤2 在"创建规则组"页面中填写规则组的名称（自定义），如LED，如图5-58所示。创建好规则组后，可以发现"所有规则"列表中多了一个LED规则组，先选中LED规则组前的复选框，再单击右上角的"创建规则"按钮，最后选择"设备联动规则"类型，如图5-59所示。

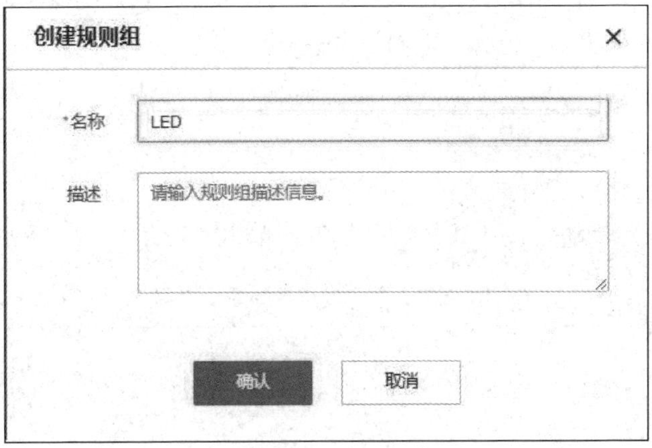

图5-58 创建规则组

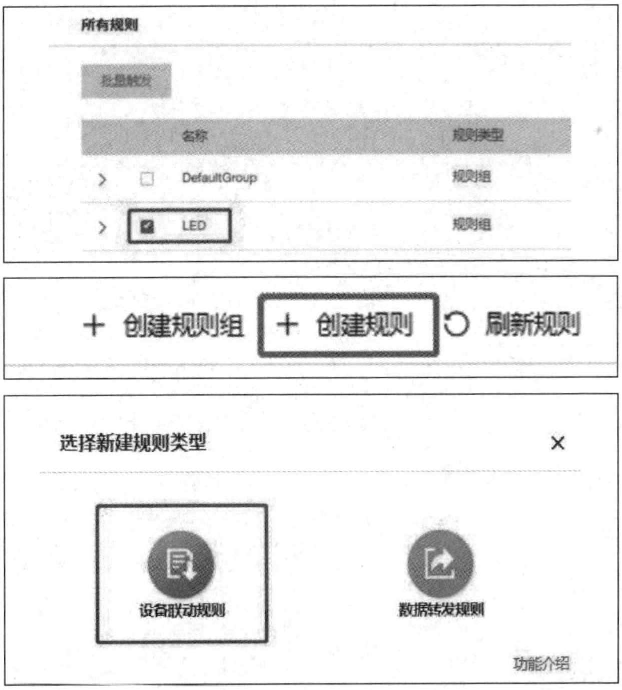

图5-59 创建规则

①填写规则名称 LED_ON，规则组选择"LED"，如图 5-60 所示。

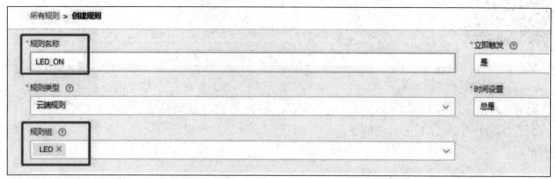

图 5-60　填写规则名称

②设置开灯规则的条件。在"条件"模块下，单击"设备行为"行右侧的"添加"按钮，如图 5-61 所示。

③根据图 5-62 填写条件信息。

④设置开灯规则的动作。在"动作"模块下，单击"设备行为"行右侧的"添加"按钮，如图 5-63 所示。

图 5-61　添加条件

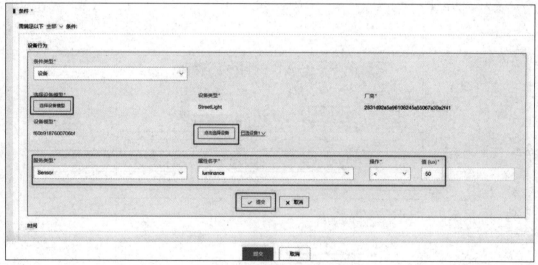

图 5-62　填写条件信息

图 5-63　添加动作

⑤根据图 5-64 填写动作信息。

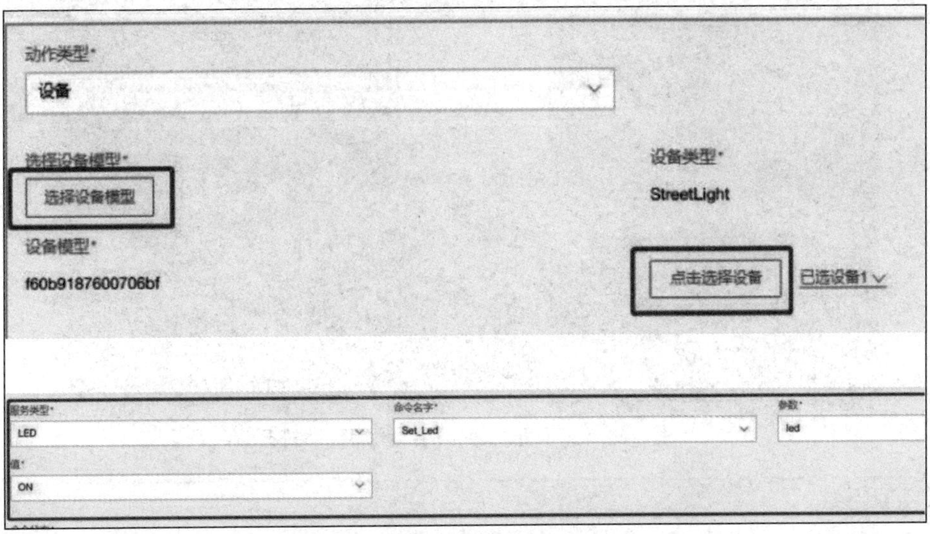

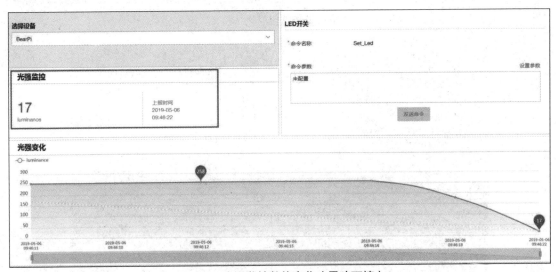

图 5-64　填写动作信息

⑥单击"提交"按钮，开灯规则创建完成。关灯规则的创建操作与开灯规则的创建操作一样，只是规则名称、条件的取值和动作执行不同。

步骤 3 测试自动开、关灯功能。

①遮住光强传感器（E53_SC1），使实训开发板处于黑暗环境（亮度<50cd/m²，在平台上设置时，不需要单位，只有数值）中，查看"路灯管理"页面中的光强监控数值（见图 5-65）和实训开发板上的照明灯。此时，实训开发板上的照明灯应该自动打开，如图 5-66 所示。

②移除遮挡物，使实训开发板处于明亮环境（亮度>500cd/m²）中，查看"路灯管理"页面中的光强监控数值（见图 5-67）和实训开发板上的照明灯。此时，实训开发板上的照明灯应该自动关闭，如图 5-68 所示。

图 5-65　光强监控数值变化（黑暗环境）

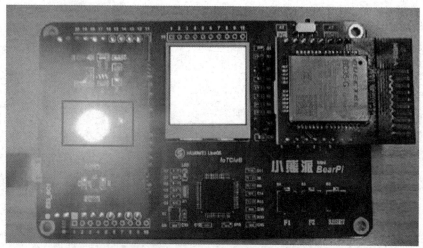

图5-66 实训开发板上的照明灯自动打开

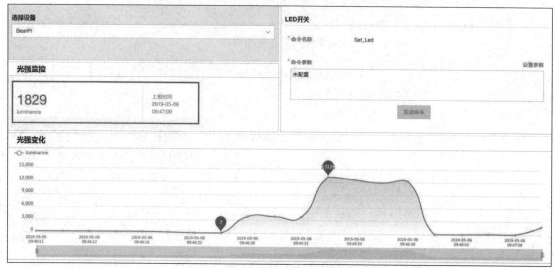

图5-67 光强监控数值变化（明亮环境）

图5-68 实训开发板上的照明灯自动关闭

步骤 4　如果需要观察实训开发板上的照明灯在一段时间内的变化情况，则可以查看"路灯管理"页面中的光强变化曲线，如图 5-69 所示。

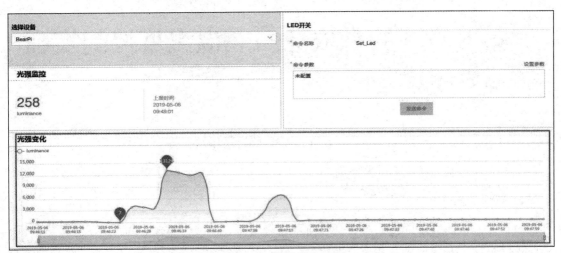

图5-69　光强变化曲线

第6章 智慧农业——温湿度控制实训

6.1 实训说明

1. 实训介绍

智慧农业中的温湿度控制是智慧经济的重要内容，它是依托物联网、云计算及 3S 技术等现代信息技术与农业生产相融合的产物，可以通过对农业生产环境的智能感知和数据分析来实现农业生产精准化管理与可视化诊断。本实训基于华为一站式开发工具平台——开发中心，从设备、平台到应用，端到端地构建一款智慧农业解决方案样例，加深学生对室温监测操作的理解。同时，本实训中会着重介绍接线操作和代码编写、编译和烧录方面的内容。

2. 实训目的

完成本实训后，学生应具备以下能力。

- 熟悉 DHT11 温湿度传感器的工作原理。
- 掌握嵌入式 STM32L4 芯片 GPIO 总线通信相关的基本操作。
- 熟悉业务数据与 OC 平台交互的相关操作。

3. 预备知识

在进行本实训前，要求学生完成以下理论知识的学习。

- STM32 芯片 GPIO 总线通信机制。
- NB-IoT 通信原理。
- 开发板：实训开发板（含 NB 卡、NB35-A 通信扩展板、E53_IA1 案例扩展板等）。
- IDE：IoT Studio（安装资料包中的版本）。
- 平台：华为一站式开发工具平台——开发中心。

4. 操作规范

- 遵守实验室设备电气性能要求。
- 遵守实验室 5S 要求。
- 做好实验设备静电防护工作。
- 实训过程严格按照实训操作步骤进行。

6.2　实训环境准备

1. 实训开发环境

本实训开发环境及设备如表 6-1 所示。

表 6-1　本实训开发环境及设备

序号	名称	版本/具体说明
1	操作系统	Windows 7/8/10
2	开发环境	Keil MDK v5.26
3	开发板	实训开发板（含 NB 卡、NB35-A 通信扩展板、E53_IA1 案例扩展板等）

2. 硬件连接

连接好 E53_IA1 案例扩展板和 NB35-A 通信扩展板。其中，NB35-A 通信扩展板需要安装 SIM 卡，并注意 SIM 卡的缺口朝外插入。将串口选择开关拨到 MCU 模式处，并用 USB 线将实训开发板与计算机连接起来，如图 6-1 所示。

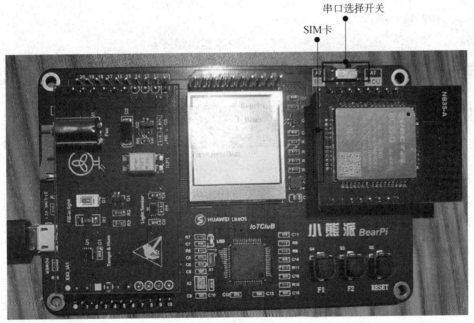

图6-1　硬件连接

3. 实训流程

智慧农业案例开发的整体流程如图 6-2 所示。

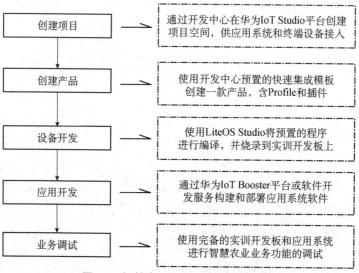

图6-2 智慧农业案例开发的整体流程

6.3 实训任务

1. 创建项目

在开发前，开发人员需要基于行业属性，创建一个独立的资源空间。在该资源空间内，开发人员可以开发相应的物联网产品和应用。

步骤 1 使用华为云账号登录物联网应用构建器，如图 6-3 所示。

图6-3 登录物联网应用构建器

步骤 2　单击右下角的"创建项目"按钮，填写项目名称（这里填写 OceanConnect），单击"确定"按钮，如图 6-4 所示。

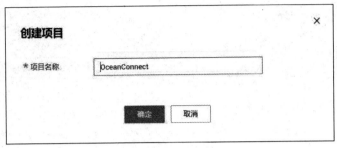

图6-4　创建项目 OceanConnect

步骤 3　创建完成后，页面中会生成自己建好的项目之后，单击"进入开发"按钮，如图 6-5 所示。

图6-5　进入开发

步骤 4　进入"IoT Studio"页面，单击"创建应用"按钮，填写参数后单击"确定"按钮，如图 6-6 所示。这里的应用名称为 Agriculture。

图6-6　创建应用

2. 创建产品

步骤 1　使用华为云账号登录华为一站式开发工具平台——开发中心，单击设备接入，选择页面左侧的"产品"选项，单击右上角的下拉按钮，选择新建产品所属的资源空间，如图6-7所示。

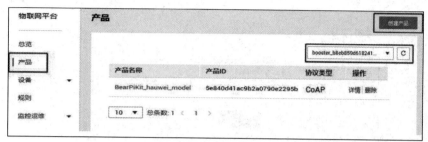

图6-7　创建产品

步骤2　单击右上角的"创建产品"按钮，创建一个基于CoAP协议的产品，填写参数（见图6-8）后单击"立即创建"按钮。

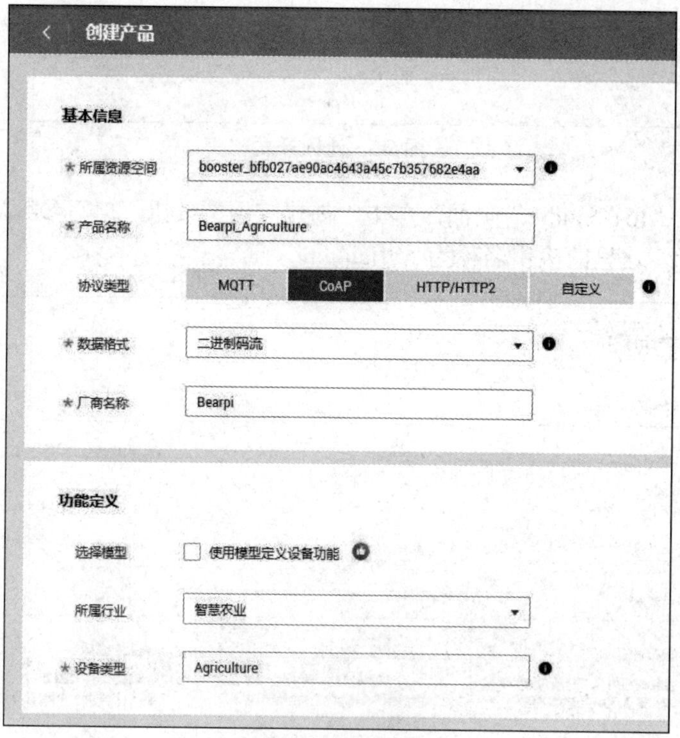

图6-8　填写参数

产品具体信息如表6-2所示。

表6-2　产品具体信息

基本信息	
所属资源空间	选择自己创建的资源空间
产品名称	自定义，如 Bearpi_Agriculture
协议类型	CoAP 协议

基本信息	
数据格式	二进制码流
厂商名称	自定义，如 Bearpi
功能定义	
选择模型	华为 IoT Studio 平台提供了 3 种创建模型的方法，此处使用自定义功能
所属行业	智慧农业
设备类型	Agriculture

步骤 3　产品创建完成后，可以发现"产品"列表中多了"Bearpi_Agriculture"产品，如图 6-9 所示，单击"详情"按钮，弹出"Profile 定义"页面。

产品名称	产品ID	设备类型	协议类型	操作
Bearpi_Agriculture	5e85af3eea053a07ef1ae9b8	Agriculture	CoAP	详情 | 删除
BearPiKit_hauwei_model	5e85ae4c7d1b16073acb274d	BearPiKit	CoAP	详情 | 删除

图 6-9　"产品"列表

3. Profile 定义

在"模型定义"选项卡下，单击"自定义模型"按钮，配置产品服务，如图 6-10 所示。

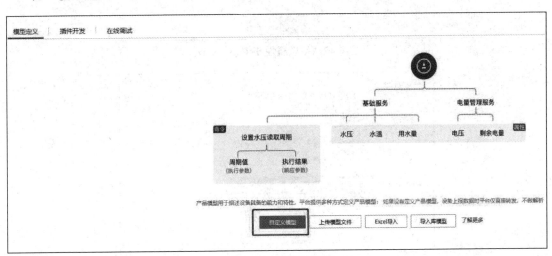

图 6-10　自定义模型

步骤 1　进入"新增服务"页面，填写相关信息后单击"确认"按钮，如图 6-11 所示。

步骤 2　在"Agriculture"服务下单击"添加属性"按钮，填写相关信息。这里共添加 Temperature、Humidity、luminance 三个属性，分别如图 6-12～图 6-14 所示。

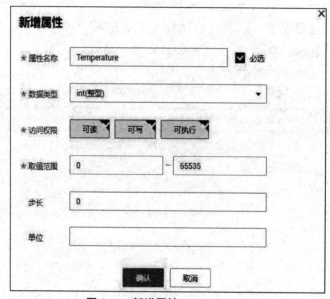

图6-11　新增服务 Agriculture

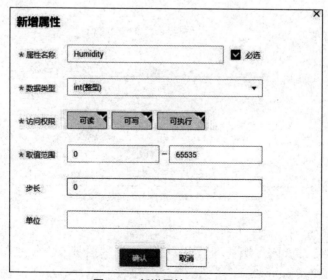

图6-12　新增属性 Temperature

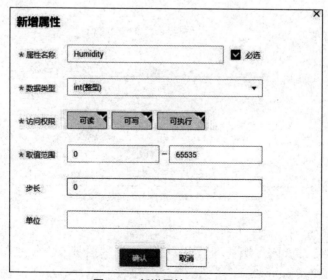

图6-13　新增属性 Humidity

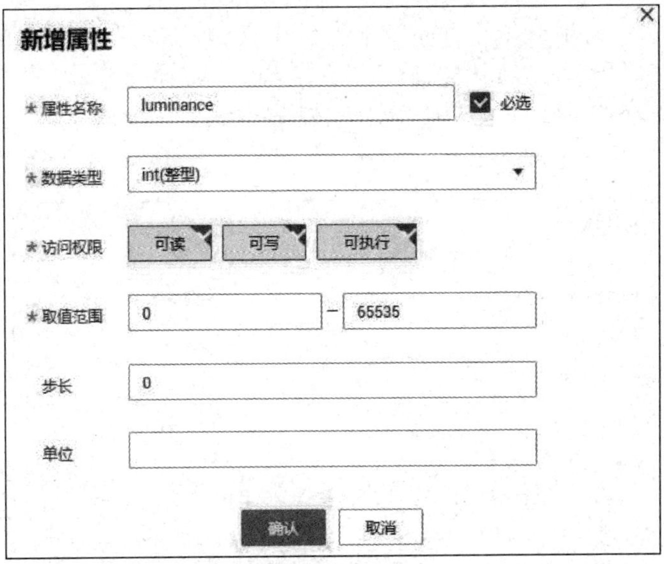

图 6-14　新增属性 luminance

步骤 3　在"Agriculture"服务下单击"添加命令"按钮，填写相关信息，如图 6-15 所示。

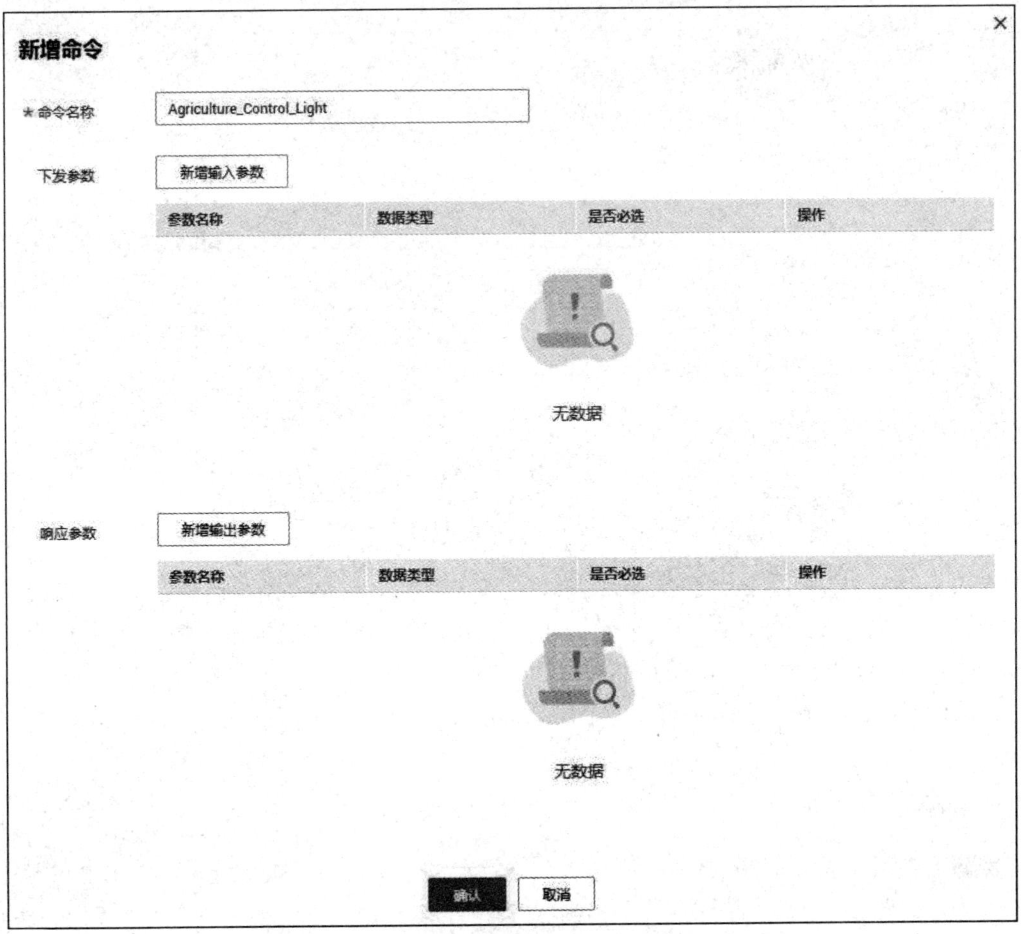

图 6-15　新增命令 Agriculture_Control_Light

步骤 4 首先在"新增命令"页面中单击"新增输入参数"按钮，填写相关信息，如图 6-16 所示，单击"确认"按钮；然后在"新增命令"页面中单击"新增输出参数"按钮，填写相关信息，如图 6-17 所示，单击"确认"按钮；最后在"新增命令"页面中单击"确认"按钮。

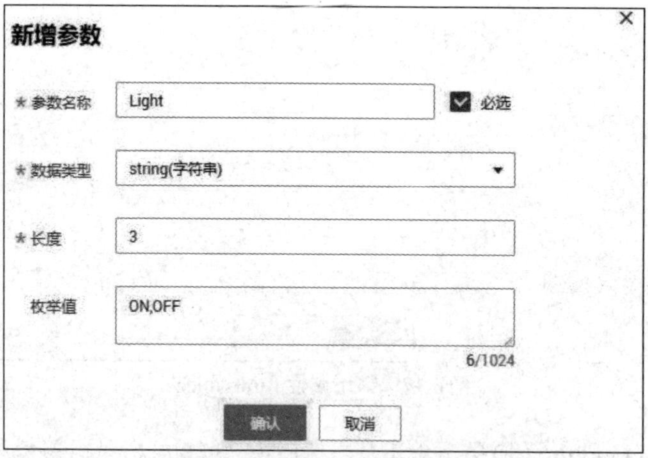

图6-16 新增输入参数 Light

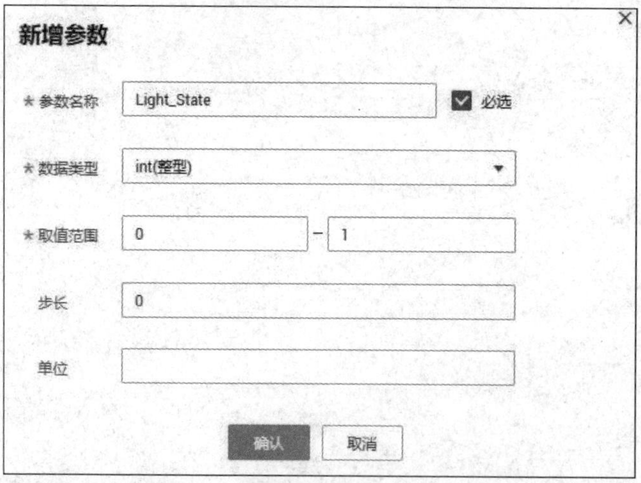

图6-17 新增输出参数 Light_State

步骤 5 在"Agriculture"服务下单击"添加命令"按钮，填写相关信息，如图 6-18 所示。

步骤 6 首先在"新增命令"页面中单击"新增输入参数"按钮，填写相关信息，如图 6-19 所示，单击"确认"按钮；然后在"新增命令"页面中单击"新增输出参数"按钮，填写相关信息，如图 6-20 所示，单击"确认"按钮；最后在"新增命令"页面中单击"确认"按钮。

4. 编解码插件开发

步骤 1 在产品详情的"插件开发"选项卡下选择"图形化开发"选项，单击"图形化开发"按钮，如图 6-21 所示。

步骤 2 在"在线开发插件"区域单击"新增消息"按钮，如图 6-22 所示。

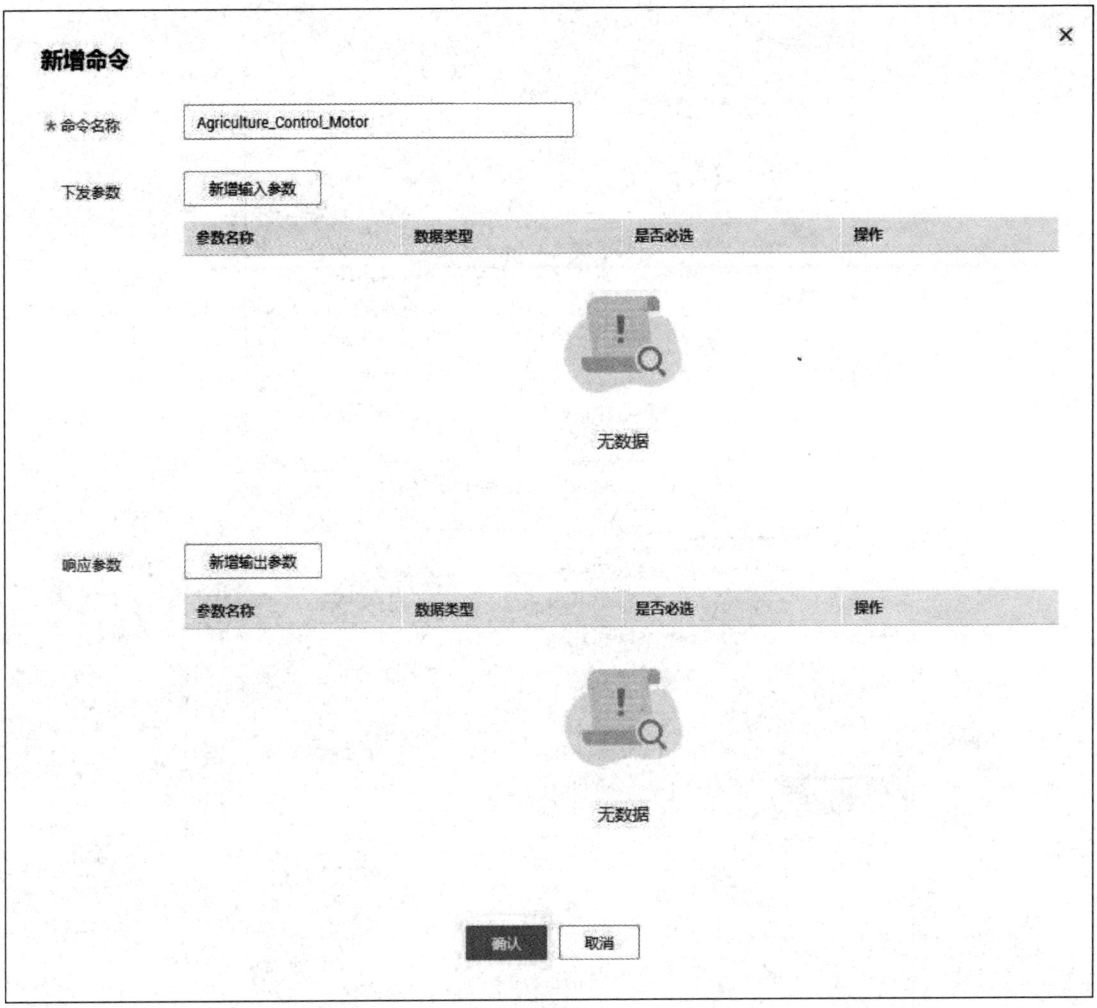

图 6-18　新增命令 Agriculture_Control_Motor

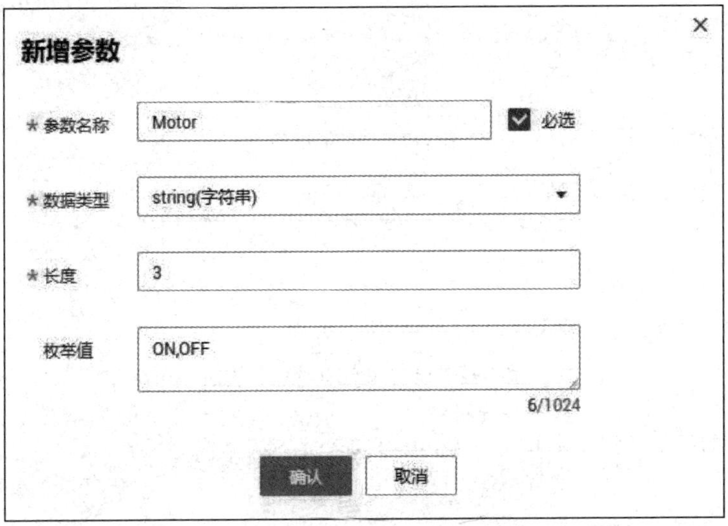

图 6-19　新增输入参数 Motor

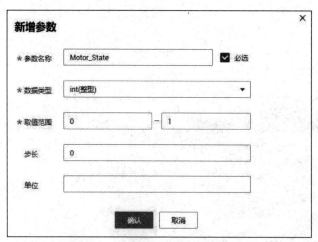

图6-20　新增输出参数 Motor_State

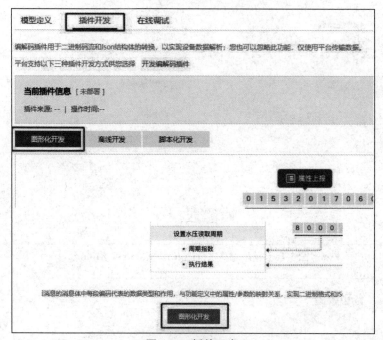

图6-21　插件开发

图6-22　单击"新增消息"按钮

步骤 3　新增消息 Agriculture，如图 6-23 所示。

配置示例：

- 消息名：Agriculture。
- 消息类型：数据上报。

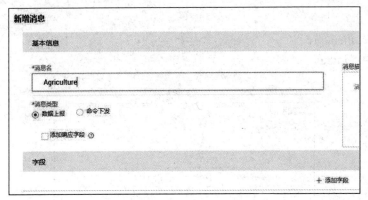

图 6-23　新增消息 Agriculture

①在"新增消息"页面，单击"添加字段"按钮。

②在"添加字段"页面，勾选"标记为地址域"复选框，添加地址域字段 messageId，数据类型为 int8u，长度为 1，默认值为 0x0，偏移值为 0-1，设置好后单击"确认"按钮，如图 6-24 所示。

图 6-24　添加地址域字段 messageId

③在"新增消息"页面，单击"添加字段"按钮，填写相关信息，单击"确认"按钮，如图 6-25 所示。

配置示例：

- 名字：Temperature。
- 数据类型：int8u。
- 长度：1。

图 6-25 添加 Temperature 字段

④在"新增消息"页面，单击"添加字段"按钮，填写相关信息，单击"确认"按钮，如图 6-26 所示。

配置示例：

- 名字：Humidity
- 数据类型：int8u。
- 长度：1。

⑤在"新增消息"页面，单击"添加字段"按钮，填写相关信息，单击"确认"按钮，如图 6-27 所示。

配置示例：

- 名字：Luminance。
- 数据类型：int16s。
- 长度：2。

添加字段	✕		添加字段	✕
☐ 标记为地址域 ⑦			☐ 标记为地址域 ⑦	
*名字			*名字	
Humidity			Luminance	
描述			描述	
输入字段描述			输入字段描述	
数据类型（大端模式）			数据类型（大端模式）	
int8u ▼			int16s ▼	
*长度 ⑦			*长度 ⑦	
1			2	
默认值 ⑦			默认值 ⑦	
偏移值 ⑦			偏移值 ⑦	
2-3			3-5	
确认　　取消			确认　　取消	

图 6-26　添加 Humidity 字段　　　　　　　图 6-27　添加 Luminance 字段

⑥在"新增消息"页面，单击"确认"按钮，完成消息 Agriculture 的配置。

步骤 4　新增消息 Agriculture_Control_Light，如图 6-28 所示。

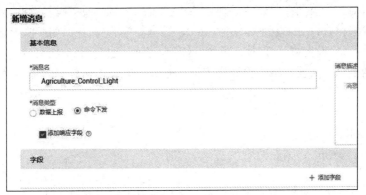

图 6-28　新增消息 Agriculture_Control_Light

配置示例：

● 消息名：Agriculture_Control_Light。

● 消息类型：命令下发。

● 添加响应字段：是。

①在"新增消息"页面，单击"添加字段"按钮；在"添加字段"页面，勾选"标记为地址域"复选框，添加地址域字段 messageId，数据类型为 int8u，长度为 1，默认值为 0x1，偏移值为 0-1，设置好后单击"确认"按钮，添加地址域字段 messageId，如图 6-29 所示。

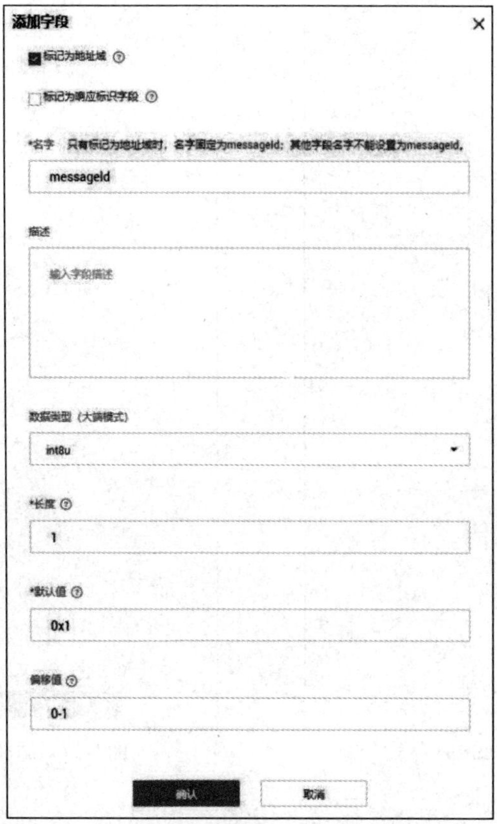

图 6-29　添加地址域字段 messageId

②在"新增消息"页面，单击"添加字段"按钮；在"添加字段"页面，勾选"标记为响应标识字段"复选框，添加响应标识字段 mid，数据类型为 int16u（16 位无符号整型），长度为 2，偏移值为 1-3，设置好后单击"确认"按钮，如图 6-30 所示。

③在"新增消息"页面，单击"添加字段"按钮，填写相关信息，单击"完成"按钮，如图 6-31 所示。

配置示例：

● 名字：Light。

● 数据类型：string（字符串类型）。

● 长度：3。

④在"新增消息"页面，勾选"添加响应字段"复选框；在"添加字段"页面，勾选"标记为地址域"复选框，添加地址域字段 messageId，数据类型为 int8u，长度为 1，默认值为 0x2，偏移值为 0-1，设置好后单击"确认"按钮，如图 6-32 所示。

⑤在"新增消息"页面，勾选"添加响应字段"复选框；在"添加字段"页面，勾选"标记为响应标识字段"复选框，添加响应标识字段 mid，数据类型 int16u（16 位无符号整型），长度为 2，偏移值为 1-3，设置好后单击"确认"按钮，如图 6-33 所示。

图 6-30　添加响应标识字段 mid

图 6-31　添加 Light 字段

图 6-32　添加地址域字段 messageId

图 6-33　添加响应标识字段 mid

⑥在"新增消息"页面，勾选"添加响应字段"复选框；在"添加字段"页面，勾选"标记为命令执行状态字段"复选框，添加命令执行状态字段 errcode，数据类型为 int8u，长度为1，偏移值为 3-4，设置好后单击"确认"按钮，如图 6-34 所示。

⑦在"新增消息"页面，勾选"添加响应字段"复选框，填写相关信息，单击"确认"按钮，如图 6-35 所示。

图6-34　添加命令执行状态字段 errcode　　　　图6-35　添加 Light_State 字段

⑧在"新增消息"页面，单击"确认"按钮，完成消息 Agriculture_Control_Light 的配置。

步骤 5　新增消息 Agriculture_Control_Motor，如图 6-36 所示。

配置示例：

● 消息名：Agriculture_Control_Motor。

● 消息类型：命令下发。

● 添加响应字段：是。

①在"新增消息"页面，单击"添加字段"按钮；在"添加字段"页面，勾选"标记为地址域"复选框，添加地址域字段 messageId，数据类型为 int8u，长度为 1，默认值为 0×4，偏移值为 0-1，设置好后单击"确认"按钮，如图 6-37 所示。

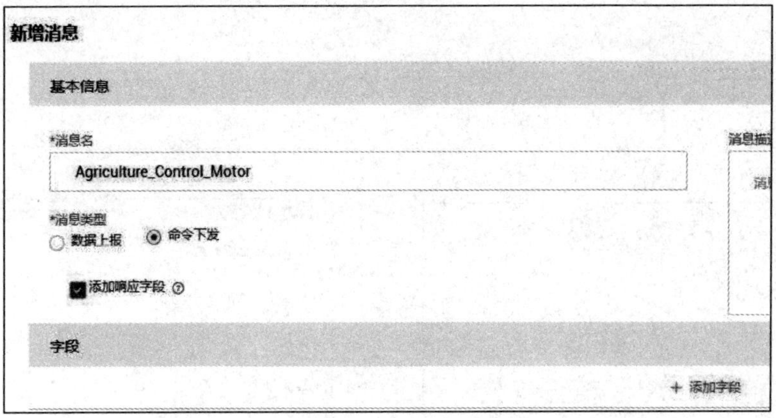

图 6-36 新增消息 Agriculture_Control_Motor

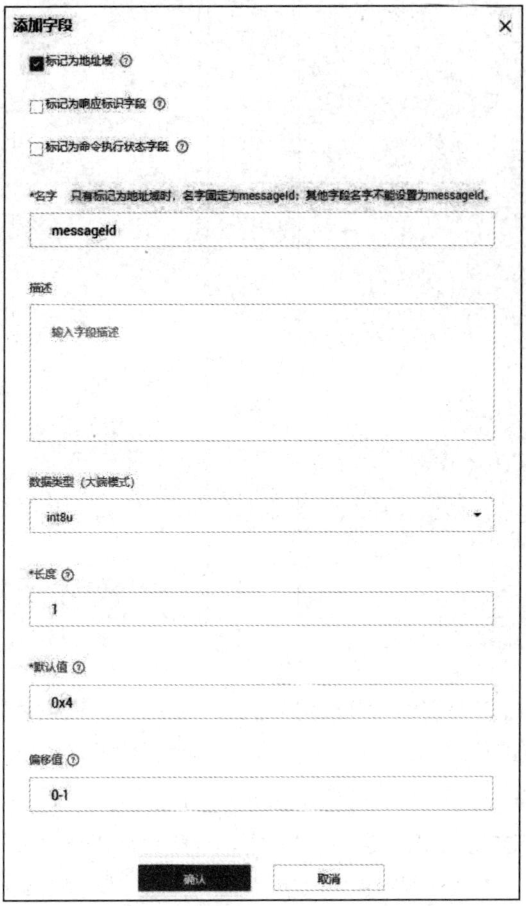

图 6-37 添加地址域字段 messageId

②在"新增消息"页面，单击"添加字段"按钮；在"添加字段"页面，勾选"标记为响应标识字段"复选框，添加响应标识字段 mid，数据类型为 int16u（16 位无符号整型），长度为 2，偏移值为 1-3，设置好后单击"确认"按钮，如图 6-38 所示。

③在"新增消息"页面，单击"添加字段"按钮，填写相关信息，单击"确认"按钮，如图 6-39 所示。

配置示例：

- 名字：Motor。
- 数据类型：string。
- 长度：3。

图6-38 添加响应标识字段 mid　　　　　　　图6-39 添加 Motor 字段

④在"新增消息"页面，勾选"添加响应字段"复选框；在"添加字段"页面，勾选"标记为地址域"复选框，添加地址域字段 messageId，数据类型为 int8u，长度为 1，默认值为 0x4，偏移值为 0-1，设置好后单击"确认"按钮，如图 6-40 所示。

⑤在"新增消息"页面，勾选"添加响应字段"复选框；在"添加字段"页面，勾选"标记为响应标识字段"复选框，添加响应标识字段 mid，数据类型为 int16u（16 位无符号整型），长度为 2，偏移值为 1-3，设置好后单击"确认"按钮，如图 6-41 所示。

⑥在"新增消息"页面，勾选"添加响应字段"复选框；在"添加字段"页面，勾选"标记为命令执行状态字段"复选框，添加命令执行状态字段 errcode，数据类型为 int8u，长度为 1，偏移值为 3-4，设置好后单击"确认"按钮，如图 6-42 所示。

⑦在"新增消息"页面，勾选"添加响应字段"复选框，填写相关信息，单击"完成"按钮，如图 6-43 所示。

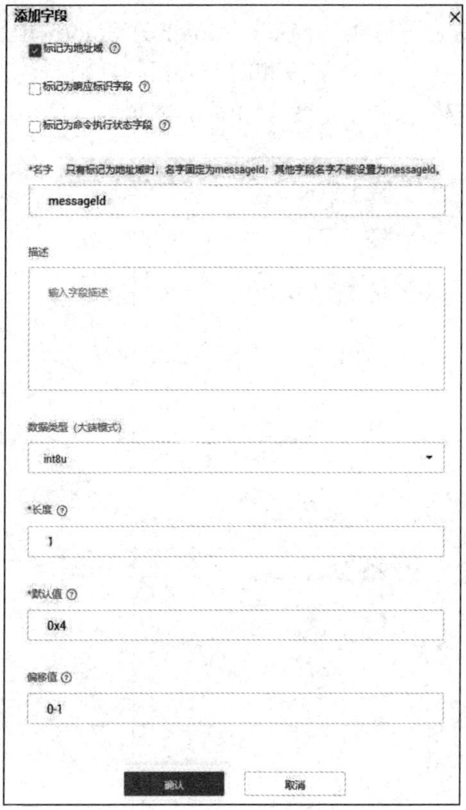

图 6-40　添加地址域字段 messageId

图 6-41　添加响应标识字段 mid

图 6-42　添加命令执行状态字段 errcode

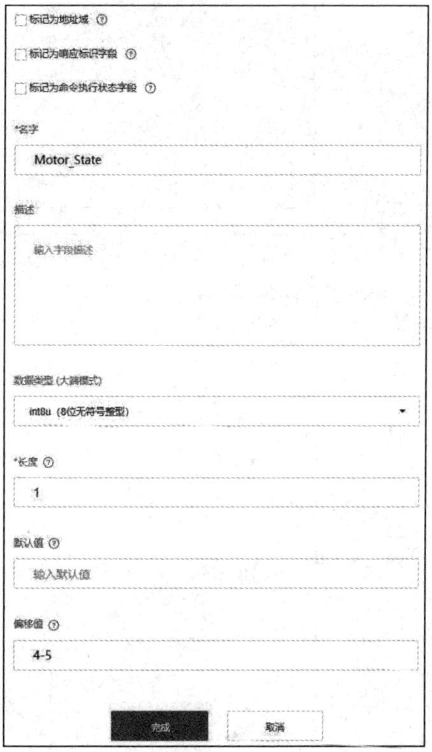

图 6-43　添加 Motor_State 字段

⑧在"新增消息"页面，单击"确认"按钮，完成消息 Agriculture_Control_Motor 的配置。

步骤6 拖动右侧"设备模型"区域中的属性字段、命令字段和响应字段，分别与数据上报消息、命令下发消息和命令响应消息的相应字段建立映射关系，如图6-44所示。

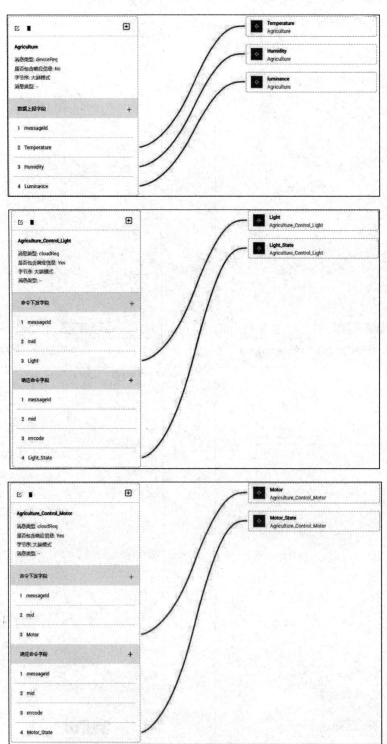

图6-44　建立映射关系

步骤7　单击"保存"按钮，并在插件保存成功后单击"部署"按钮，将编解码插件部署到华为 IoT Studio 平台上，如图 6-45 所示。

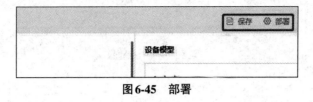

图6-45　部署

步骤8　在"在线调试"选项卡下单击"新增测试设备"按钮，填写相关信息，如图 6-46 所示。

配置示例：

● 设备名称：TEST（自定义即可）。

● 设备标识码：该设备的 IMEI 号（此处为 863434047673535），可在设备上查看。

图6-46　新增测试设备

5. 设备开发

请参考 3.4 节进行实训开发板的程序开发。

6. 应用开发

回到华为"IoT Studio"页面，选择"Web 在线开发"选项，单击之前创建好的应用，如图 6-47 所示。

1）开发应用

在"开发应用"页面，单击"开发应用"按钮，如图 6-48 所示。

2）编辑应用

步骤1　将鼠标指针移至"自定义页面 1"上，在弹出的列表中选择"修改"选项，修改页面信息。在弹出的页面中，修改菜单名称为农业管理，其他保持默认设置，单击"确定"按钮，如图 6-49 所示。

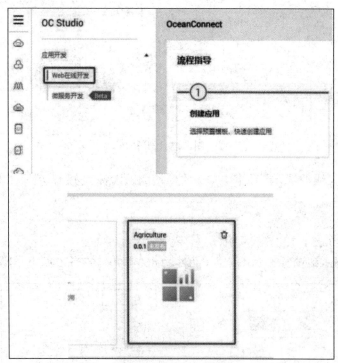

图 6-47　Web 应用开发

图 6-48　"开发应用"页面

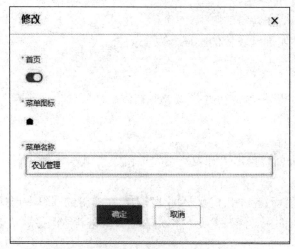

图 6-49　修改菜单名称

步骤 2　进入"农业管理"页面，设计页面组件布局。

①拖动 1 个"选择设备"组件、6 个"监控"组件和 2 个"命令下发"组件到页面中，并按如图 6-50 所示的布局摆放。

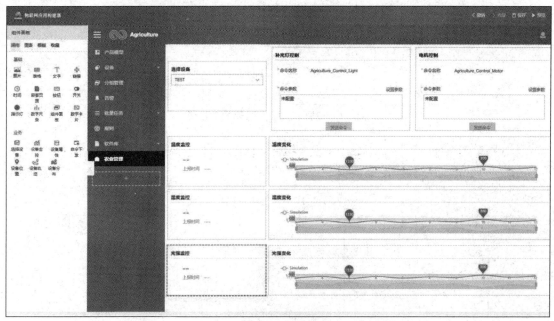

图 6-50　摆放组件

②分别单击页面中的 6 个"监控"组件，在右侧的配置面板中设置组件的样式，具体如表 6-3 所示。

表 6-3　6 个"监控"组件的样式

标题	显示类型	样式
温度监控	简易	保持默认设置
温度变化	图表	保持默认设置
湿度监控	简易	保持默认设置
湿度变化	图表	保持默认设置
光强监控	简易	保持默认设置
光强变化	图表	保持默认设置

③分别单击页面中的 6 个"监控"组件，在右侧的配置面板中设置组件的数据源。此处以监控温度为例来讲解，对湿度和光强执行同样的操作。因为 2 个温度的"监控"组件都是用于监控环境温度的，只是显示方式不同，所以此处的参数设置一样，如图 6-51 所示。

- 产品：选择"产品"列表中已创建的产品"Bearpi_Agriculture"。
- 服务：Agriculture。
- 属性：Temperature。

图6-51　设置"监控"组件的数据源

④分别单击页面中的2个"命令下发"组件,修改各自的标题分别为"补光灯控制""电机控制",并在它们右侧的配置面板中设置对应功能的属性参数,分别如图6-52和图6-53所示。

图6-52　配置补光灯命令下发参数

图6-53　配置电机命令下发参数

步骤3　"农业管理"页面构建完成后,单击右上角的"保存",并单击"预览"按钮,如图6-54所示,可查看应用页面效果。

图6-54　查看应用页面效果

7. 实训结果

使用已经烧录程序的实训开发板和构建完成的应用系统进行智慧农业业务功能的调试。

1)观察监控参数

单击"预览"按钮后可查看设备的参数,把设备放到不同的环境下,观察其参数变化,如图6-55所示。

2)手动控制

步骤1　选择"农业管理"→"补光灯控制"选项,单击"设置参数"按钮,在"命令参数"文本框中输入"Light: ON",单击"发送命令"按钮,如图6-56所示。

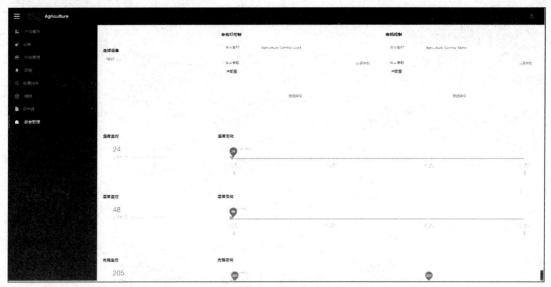

图 6-55　观察参数变化

图 6-56　发送打开补光灯命令

此时，E53_IA1 案例扩展板的补光灯为打开状态，如图 6-57 所示。

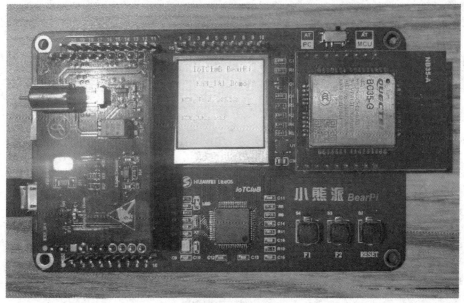

图 6-57　灯打开

关灯命令与开灯命令的操作步骤一样，差别在于下发的命令，开灯命令为 Light: ON；关灯命令为 Light: OFF。

步骤 2 选择"农业管理"→"电机控制"选项，单击"设置参数"按钮，在"命令参数"文本框中输入"Motor: ON"，单击"发送命令"按钮，如图 6-58 所示。

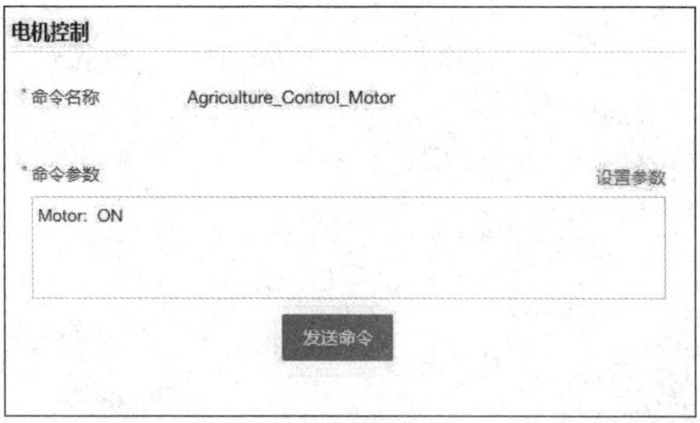

电机控制

* 命令名称	Agriculture_Control_Motor
* 命令参数	设置参数

Motor: ON

发送命令

图6-58　发送开启电机命令

此时，E53_IA1 案例扩展板的电机开始转动，关闭电机命令与开启电机命令的操作步骤一样，差别是关闭电机时在"命令参数"文本框中输入"Motor: OFF"。

3）设置自动开、关灯规则

步骤 1 新建两条规则，分别用于控制补光灯在不同条件下的开和关。选择"规则"选项，单击"创建规则组"按钮，如图 6-59 所示。

图6-59　单击"创建规则组"按钮

步骤 2 在"创建规则组"页面中填写规则组名称（自定义），如 Light，如图 6-60 所示。创建好规则组后，可以发现"所有规则"列表中多了一个 Light 规则组，先选中 Light 规则组前的复选框，然后单击右上角的"创建规则"按钮，最后选择"设备联动规则"类型，如图 6-61 所示。

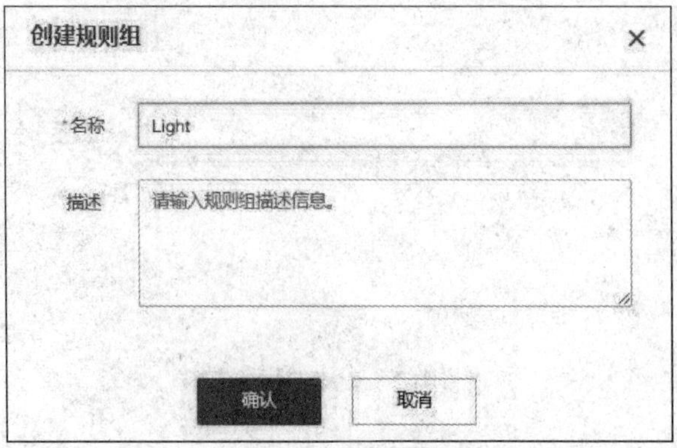

创建规则组　　　　　　　　　　　　✕

* 名称	Light
描述	请输入规则组描述信息。

确认　　　取消

图6-60　创建规则组

图6-61　创建规则

步骤 3　在"创建规则"页面，分别填写开、关灯规则信息，如表 6-4 所示。

表 6-4　开、关灯规则信息

参数	开	关
规则名称	Light_ON	Light_OFF
条件		
条件类型	设备	
选择设备模型	选择"产品"列表中已创建的产品	
服务类型	Agriculture	
属性名称	luminance	
操作	<	>
值	50	500
动作		
动作类型	设备	
选择设备模型	选择"产品"列表中已创建的产品	
点击选择设备	选择"注册设备"列表中新增的设备	
服务类型	Agriculture	
命令名字	Agriculture_Control_Light	
参数	Light	
值	ON	OFF
命令状态	启用	
描述	光强小于 50cd/m² 时补光灯打开	光强大于 500cd/m² 时补光灯关闭

参照表 6-4 填写开灯规则信息。

①填写规则名称为 Light_ON，规则组选择"Light"，如图 6-62 所示。

图 6-62　填写规则名称

②设置开灯规则的条件。在"条件"模块下单击"设备行为"行右侧的"添加"按钮，如图 6-63 所示。

图 6-63　添加条件

③按照表 6-4 中开灯规则的条件参数填写条件信息，如图 6-64 所示。

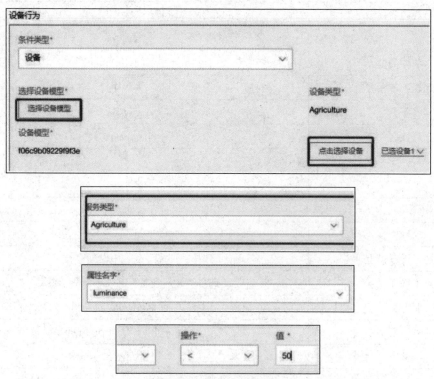

图 6-64　填写条件信息

④设置开灯规则的动作。在"动作"模块下单击"设备行为"行右侧的"添加"按钮，如图 6-65 所示。

图6-65 添加动作

⑤按照表6-4中开灯规则的动作参数填写动作信息，如图6-66所示。

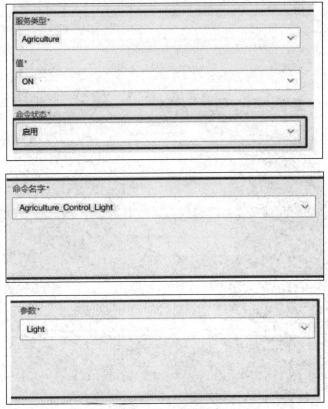

图6-66 填写动作信息

⑥单击"提交"按钮，开灯规则创建完成。关灯规则的创建操作与开灯规则的创建操作一样，只是规则名称、条件的取值和动作执行不同。

步骤4 测试自动开、关灯功能。

①遮住光强传感器（E53_IA1 案例扩展板），使实训开发板处于黑暗环境（亮度<50cd/m²）中，查看"农业管理"页面中的光强监控数值（见图6-67）和 E53_IA1 案例扩展板上的补光灯。此时，E53_IA1 案例扩展板上的补光灯应该自动打开，如图6-68 所示。

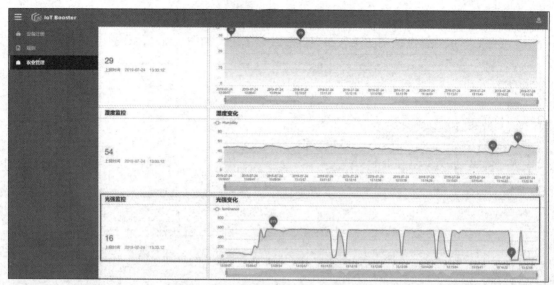

图6-67 光强监控数值变化（黑暗环境）

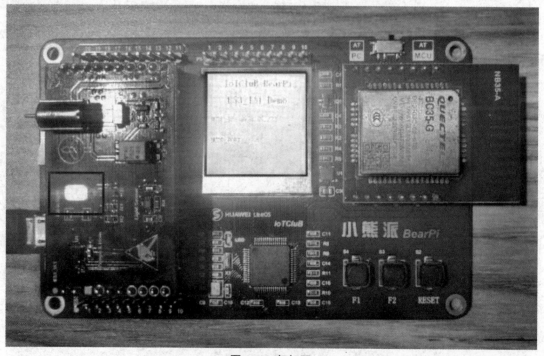

图6-68 灯打开

②移除遮挡物，使实训开发板处于明亮环境（亮度>500cd/m²）中，查看"农业管理"页面中的光强监控数值（见图6-69）和 E53_IA1 案例扩展板上的补光灯。此时，E53_IA1 案例

扩展板上的补光灯应该自动关闭，如图 6-70 所示。

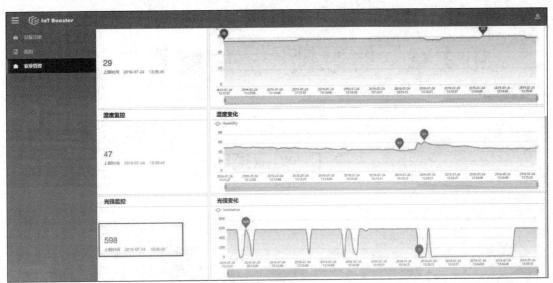

图6-69　光强监控数值变化（明亮环境）

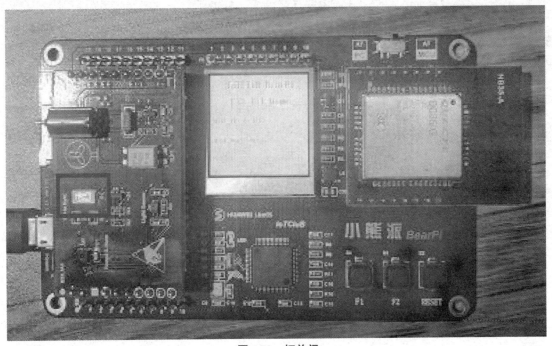

图6-70　灯关闭

　　步骤 5　当然，也可自行创建其他规则。例如，当温度或湿度达到一定阈值后，自动控制电机模拟通风加湿等操作。

第 7 章 智慧锁——智能井盖实训

7.1 实训说明

1. 实训介绍

智慧锁包括智能门禁、智能门锁、智慧井盖锁等。本实训基于华为一站式开发工具平台——开发中心，从设备、平台到应用，端到端地构建一款智慧锁解决方案样例。本实训以智慧井盖为例来演示如何在云端构建智慧井盖。同时，本实训中会着重介绍接线操作和代码编写、编译和烧录方面的内容，从而提升学生的实操能力。

2. 实训目的

完成本实训后，学生应具备以下能力。

- 掌握嵌入式 STM32L4 芯片 GPIO 总线通信相关的基本操作。
- 熟悉业务数据与 OC 平台交互的相关操作。

3. 预备知识

在进行本实训前，要求学生完成以下理论知识的学习。

- STM32 芯片 GPIO 总线通信机制。
- NB-IoT 通信原理。

4. 操作规范

- 遵守实验室设备电气性能要求。
- 遵守实验室 5S 要求。
- 做好实验设备静电防护工作。
- 实训过程严格按照实训操作步骤进行。

7.2 实训环境准备

1. 实训开发环境

本实训开发环境及设备如表 7-1 所示。

表 7-1　本实训开发环境及设备

序号	名称	版本/具体说明
1	操作系统	Windows 7/8/10
2	开发环境	IoT Studio
3	开发板	实训开发板（含 NB 卡、NB35-A 通信扩展板、E53_SC2 案例扩展板等）

2. 硬件连接

连接好 E53_SC2 案例扩展板和 NB35-A 通信扩展板。其中，NB35-A 通信扩展板需要安装 SIM 卡，并注意 SIM 卡的缺口朝外插入。将串口选择开关拨到 MCU 模式处，并用 USB 线将实训开发板与计算机连接起来，如图 7-1 所示。

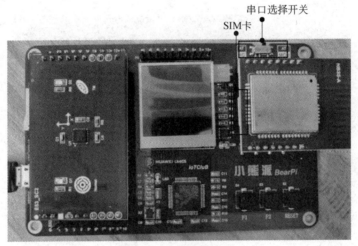

图 7-1　硬件连接

3. 实训流程

智慧井盖案例开发的整体流程如图 7-2 所示。

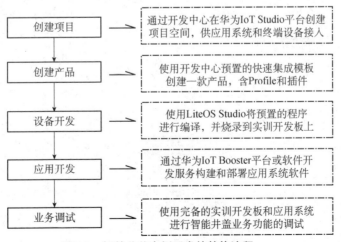

图 7-2　智慧井盖案例开发的整体流程

7.3 实训任务

1. 创建项目

在开发前，开发人员需要基于行业属性，创建一个独立的资源空间。在该资源空间内，开发人员可以开发相应的物联网产品和应用。

步骤 1 使用华为云账号登录物联网应用构建器，如图 7-3 所示。

图7-3 登录物联网应用构建器

步骤 2 单击右下角的"创建项目"按钮，填写项目名称（这里填写 OceanConnect），单击"确定"按钮，如图 7-4 所示。

图7-4 创建项目

步骤 3 创建完成后，页面中会生成自己建好的项目，单击"进入开发"按钮，如图 7-5 所示。

开发中的项目				十 创建项目
项目名称	应用数量	创建时间		操作
OceanConnect	0	2020/04/01 11:16:51 GMT+08:00		进入开发 删除

图7-5 进入开发

步骤 4 进入"IoT Studio"页面，单击"创建应用"按钮，填写参数后单击"确定"按钮，如图 7-6 所示。这里的应用名称为 manhole_cover。

图7-6 创建应用

2. 创建产品

步骤 1 使用华为云账号登录华为一站式开发工具平台——开发中心，单击设备接入，选择页面左侧的"产品"选项，单击右上角的下拉按钮，选择新建产品所属的资源空间，如图 7-7 所示。

步骤 2 单击右上角的"创建产品"按钮，创建一个基于 CoAP 协议的产品，填写参数（见图 7-8）后单击"立即创建"按钮。

产品创建完成后，可以发现"产品"列表中多了"Bearpi_manholecover"产品，如图 7-9 所示，单击"详情"按钮，弹出"Profile 定义"页面。

3. Profile 定义

在"模型定义"选项卡下，单击"自定义模型"按钮，配置产品服务，如图 7-10 所示。

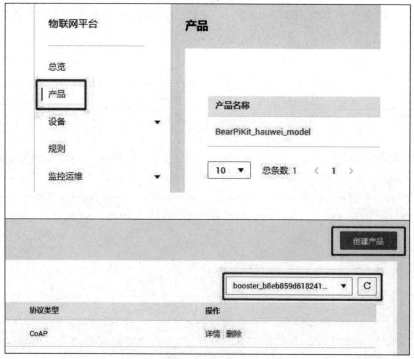

图7-7 创建产品

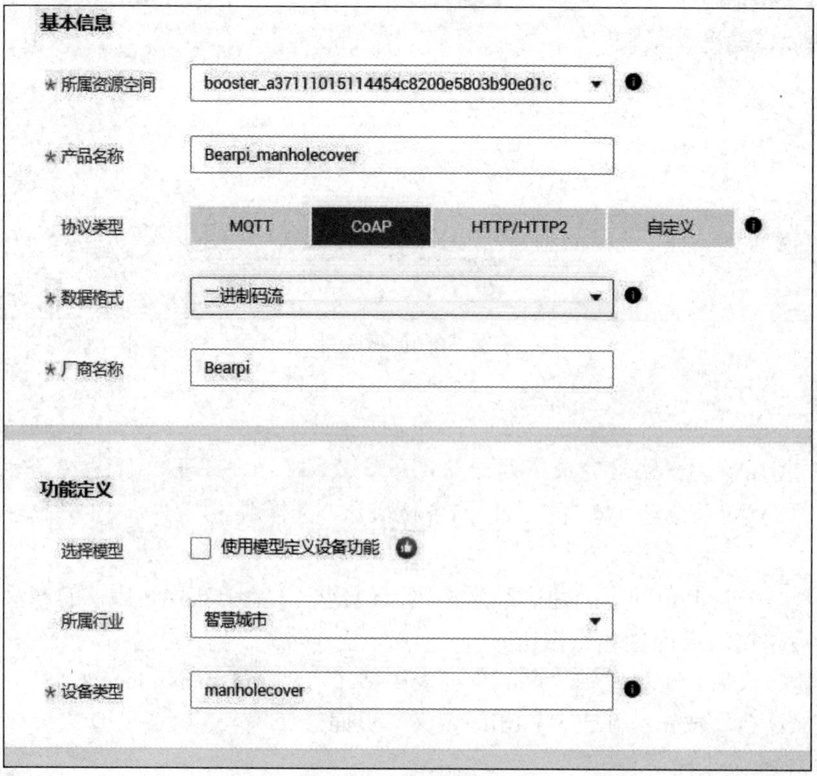

基本信息

★ 所属资源空间   booster_a37111015114454c8200e5803b90e01c ▼ ❶

★ 产品名称   Bearpi_manholecover

协议类型 | MQTT | **CoAP** | HTTP/HTTP2 | 自定义 | ❶

★ 数据格式   二进制码流 ▼ ❶

★ 厂商名称   Bearpi

功能定义

选择模型   ☐ 使用模型定义设备功能 ❶

所属行业   智慧城市 ▼

★ 设备类型   manholecover ❶

图7-8 填写参数

图 7-9　"产品"列表

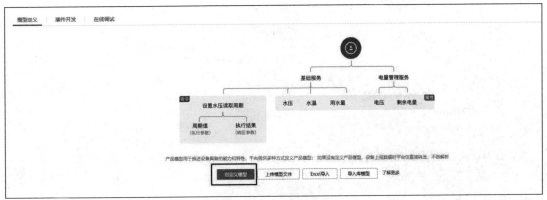

图 7-10　自定义模型

步骤 1　进入"新增服务"页面，填写相关信息后，单击"确认"按钮，如图 7-11 所示。

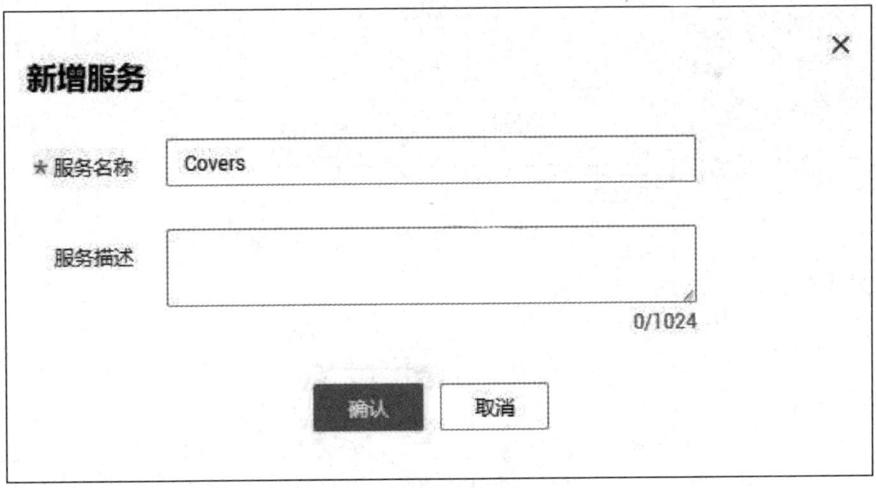

![新增服务对话框]

新增服务

★服务名称　Covers

服务描述　　　　　　　　　　　　　　　　　　

0/1024

确认　　取消

图 7-11　新增服务 Covers

步骤 2　在"Covers"服务下单击"添加属性"按钮，填写相关信息，共添加 Temperature、Accel_x、Accel_y、Accel_z、Status 五个属性，分别如图 7-12～图 7-16 所示。

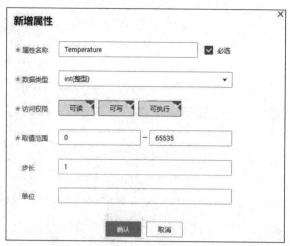

图7-12　新增属性 **Temperature**

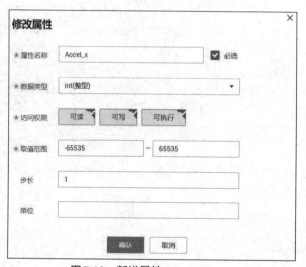

图7-13　新增属性 **Accel_x**

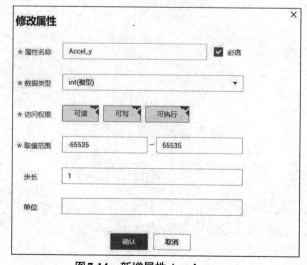

图7-14　新增属性 **Accel_y**

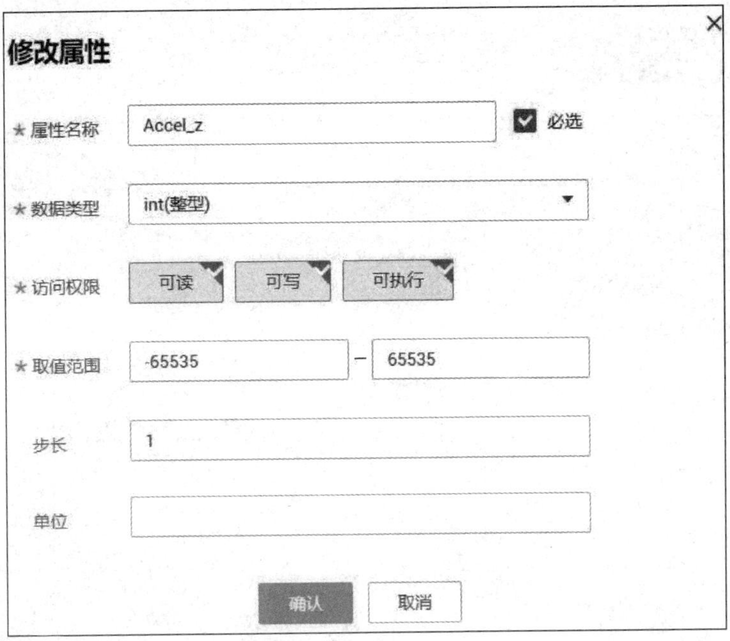

图 7-15　新增属性 Accel_z

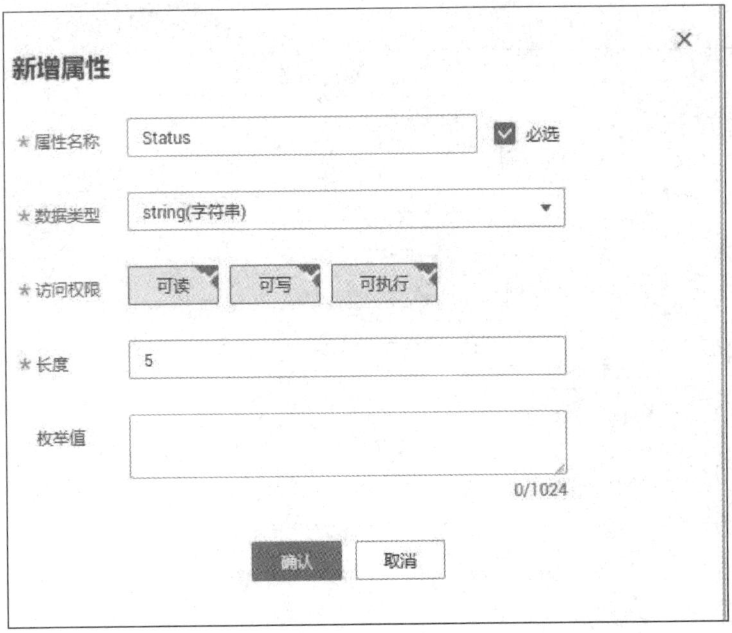

图 7-16　新增属性 Status

4．编解码插件开发

步骤 1　在产品详情的"插件开发"选项卡下选择"图形化开发"选项，单击"图形化开发"按钮，如图 7-17 所示。

步骤 2　在"在线开发插件"区域单击"新增消息"按钮，如图 7-18 所示。

步骤 3　新增消息 Cover，如图 7-19 所示。

配置示例：

- 消息名：Cover
- 消息类型：数据上报

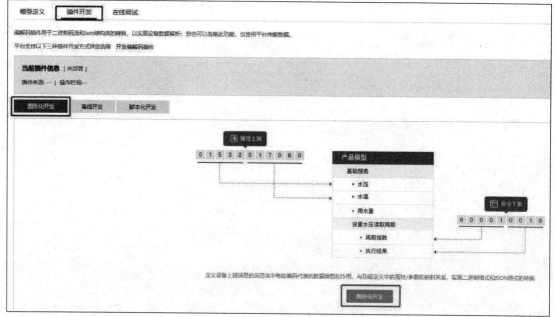

图7-17　插件开发

图7-18　单击"新增消息"按钮

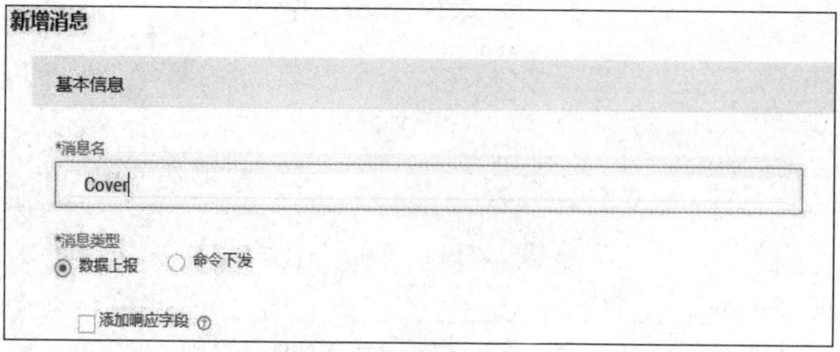

图7-19　新增消息Cover

①在"新增消息"页面，单击"添加字段"按钮。

②在"添加字段"页面，勾选"标记为地址域"复选框，添加地址域字段 messageId，数据类型为 int8u，长度为 1，默认值为 0x0，偏移值为 0-1，设置好后单击"确认"按钮，如图 7-20 所示。

③在"新增消息"页面，单击"添加字段"按钮，填写相关信息，单击"确认"按钮，如图 7-21 所示。

配置示例：
- 名字：Temperature。
- 数据类型：int8u。
- 长度：1。

图 7-20 添加地址域字段 messageId   图 7-21 添加 Temperature 字段

④在"新增消息"页面，单击"添加字段"按钮，填写相关信息，单击"确认"按钮，如图 7-22 所示。

配置示例：
- 名字：Accel_x。
- 数据类型：int16s。
- 长度：2。

⑤在"新增消息"页面，单击"添加字段"按钮，填写相关信息，单击"确认"按钮，如图 7-23 所示。

配置示例：
- 名字：Accel_y。
- 数据类型：int16s。
- 长度：2。

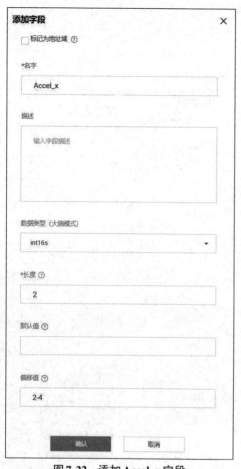

图7-22　添加Accel_x字段

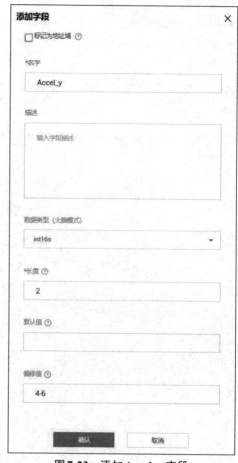

图7-23　添加Accel_y字段

⑥在"新增消息"页面，单击"添加字段"按钮，填写相关信息，单击"确认"按钮，如图7-24所示。

配置示例：

- 名字：Accel_z。
- 数据类型：int16s。
- 长度：2。

⑦在"新增消息"页面，单击"添加字段"按钮，填写相关信息，单击"完成"按钮，如图7-25所示。

配置示例：

- 名字：Status。
- 数据类型：string（字符串类型）。
- 长度：5。

⑧在"新增消息"页面，单击"确认"按钮，完成消息Cover的配置。

步骤4　拖动右侧"设备模型"区域中的属性字段、命令字段和响应字段，分别与数据上报消息、命令下发消息和命令响应消息的相应字段建立映射关系，如图7-26所示。

添加字段	×	编辑字段	×
□ 标记为地址域 ⑦		□ 标记为地址域 ⑦	
*名字		*名字	
Accel_z		Status	
描述		描述	
输入字段描述		输入字段描述	
数据类型 (大端模式)		数据类型 (大端模式)	
int16s ▾		string (字符串类型) ▾	
*长度 ⑦		*长度 ⑦	
2		5	
默认值 ⑦		默认值 ⑦	
		输入默认值	
偏移值 ⑦		偏移值 ⑦	
6-8		8-13	
确认　取消		完成　取消	

图 7-24　添加 Accel_z 字段　　　　　　　　图 7-25　添加 Status 字段

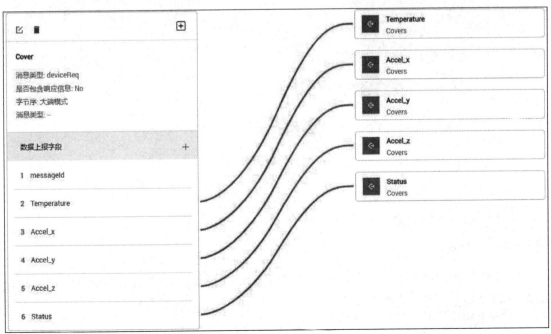

图 7-26　建立映射关系

步骤 5 单击"保存"按钮,并在插件保存成功后单击"部署"按钮,将编解码插件部署到华为 IoT Studio 平台上,如图 7-27 所示。

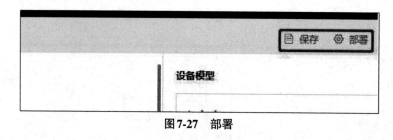

图7-27 部署

步骤 6 在"在线调试"选项卡下单击"新增测试设备"按钮,填写相关信息,如图 7-28 所示。

配置示例:

● 设备名称:TEST(自定义即可)。

● 设备标识码:改设备的 IMEI 号(此处为 863434047673535),可在设备上查看。

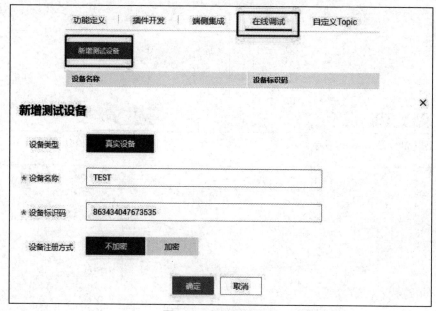

图7-28 新增测试设备

5. 设备开发

请参考 3.4 节进行实训开发板的程序开发。

6. 应用开发

回到华为"IoT Studio"页面,选择"Web 在线开发"选项,单击之前创建好的应用,如图 7-29 所示。

1)开发应用

在"开发应用"页面,单击"开发应用"按钮,如图 7-30 所示。

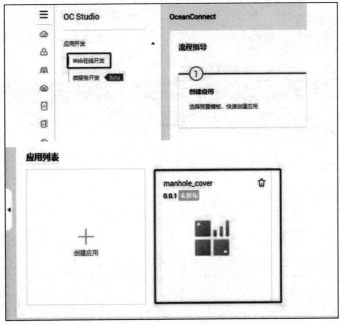

图7-29　Web应用开发

图7-30　"开发应用"页面

2）编辑应用

步骤1　将鼠标指针移至"自定义页面1"上，在弹出的列表中选择"修改"选项，修改页面信息。在弹出的页面中，修改菜单名称为智慧井盖，其他保持默认设置，单击"确定"按钮，如图7-31所示。

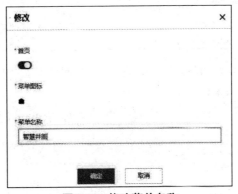

图7-31　修改菜单名称

步骤 2 选择"智慧井盖"页面，设计页面组件布局。

①拖动 1 个"选择设备"组件、5 个"监控"组件到页面中，并按如图 7-32 所示的布局摆放。

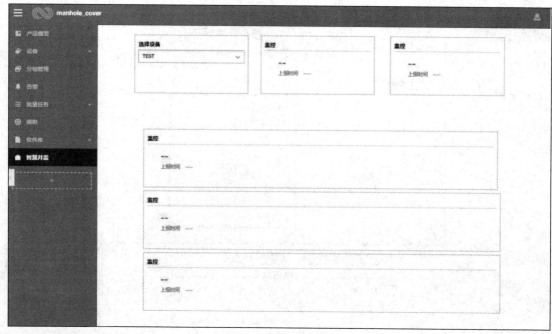

图7-32 摆放组件

②分别单击页面中的 5 个"监控"组件，在右侧的配置面板中设置组件的样式，具体如表 7-2 所示。

表 7-2 5 个"监控"组件的样式

标题	显示类型	样式
温度	仪表盘	保持默认设置
x	图表	保持默认设置
y	图表	保持默认设置
z	图表	保持默认设置
井盖状态	简易	保持默认设置

③分别单击页面中的 5 个"监控"组件，在右侧的配置面板中设置组件的数据源，这里以温度配置示例，如图 7-33 所示。

- 产品：选择"产品"列表中已创建的产品 Bearpi_manholecover。
- 服务：Covers。
- 属性：Temperature。

图7-33 设置"监控"组件的数据源

步骤3 智慧井盖页面构建完成后,单击右上角的"保存"按钮,并单击"预览"按钮,如图 7-34 所示,查看应用页面效果。

图7-34 查看应用页面效果

7. 实训结果

使用已经烧录程序的实训开发板和构建完成的应用系统进行智慧井盖业务功能的调试。
给实训开发板上电,在"智慧井盖"页面可以观察监控数据的变化情况,如图 7-35 所示。

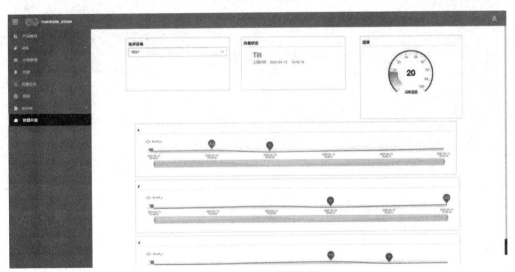

图7-35 观察监控数据

参考文献

[1] 张泽谦. 物联网实战攻略：探索智联万物新时代[M]. 北京：电子工业出版社，2022.

[2] 刘伟荣. 物联网与无线传感器网络[M]. 2 版. 北京：电子工业出版社，2021.

[3] 陈丽. 物联网云平台开发实践[M]. 北京：电子工业出版社，2021.

[4] 廖建尚，苏咏梅，桑世庆. 物联网工程应用技术[M]. 北京：电子工业出版社，2020.

[5] 廖建尚，杨尚森，潘必超. 物联网系统综合开发与应用[M]. 北京：电子工业出版社，2020.

[6] 陈要求，林剑辉，姜绍辉. 物联网工程综合实训[M]. 北京：电子工业出版社，2018.